HEYNE <

Joachim Bauer

DAS KOOPERATIVE GEN

Evolution als kreativer Prozess

WILHELM HEYNE VERLAG
MÜNCHEN

Verlagsgruppe Random House FSC-DEU-0100
Das für dieses Buch verwendete
FSC-zertifizierte Papier *Holmen Book Cream* liefert
Holmen Paper, Hallstavik, Schweden.

Taschenbucherstausgabe 03/2010

Der Wilhelm Heyne Verlag, München,
ist ein Verlag der Verlagsgruppe Random House GmbH
www.heyne.de
Printed in Germany 2010
Umschlaggestaltung:
Hauptmann und Kompanie Werbeagentur, Zürich
Umschlagillustration: Paul Taylor/gettyimages
Satz: C. Schaber Datentechnik, Wels
Druck und Bindung: GGP Media GmbH, Pößneck

ISBN 978-3-453-60133-8

Inhalt

Vorwort zur Taschenbuchausgabe

Die Evolutionsbiologie erlebt eine Umbruchphase des Denkens. Ähnliches war vor hundert Jahren in der Physik zu beobachten: Angestoßen durch Max Planck kam Anfang des 20. Jahrhunderts zur klassischen Mechanik das neue Gebiet der Quantenphysik hinzu. Unseren Vorstellungen über das Leben steht eine ähnliche Umbruchphase bevor.[1] Ausgangspunkt ist die vollständige Entschlüsselung der Genome[2] verschiedener Spezies – den Menschen eingeschlossen. Die vor wenigen Jahren gelungene Entzifferung unseres Erbgutes führt uns zu der Erkenntnis, dass Genome mehr sind als eine Ansammlung von einigen Tausend Genen. Genome sind Systeme, die nicht nur Gene, sondern

---

1 Von einer Neuorientierung ist derzeit nicht nur die Evolutionsbiologie betroffen, sondern die Biomedizin als Ganzes: Gene, so lautete das zentrale Dogma der Biologie, seien autonome, alles bestimmende Herrscher des Organismus (Crick, 1970; eine Antwort auf Crick aus heutiger Sicht formulierte Shapiro, 2009). Die Einsicht, dass Gene in ihrer Aktivität fortlaufend durch Umweltfaktoren und Lebensstile reguliert werden und dass dies den weitaus größten Einfluss darauf hat, ob wir gesund bleiben (Bauer, 2002; Spork, 2009), beginnt in unseren Breiten erst langsam Fuß zu fassen.

2 Als Genom wird die Gesamtheit der Erbanlagen bezeichnet, die als DNS (Desoxyribonukleinsäure) in jeder Körperzelle eines Organismus aufbewahrt wird. Zum Genom zählen nicht nur alle Gene, sondern auch sämtliche Bereiche der DNS, die nicht aus Genen bestehen.

auch Werkzeuge enthalten, mit denen sich die Architektur von Erbgut verändern lässt. Die Fähigkeit von Organismen, das eigene Genom umzustrukturieren und dabei vor allem Gene zu verdoppeln, ist Voraussetzung für die Entstehung neuer Arten. Diese Selbstveränderungen sind nicht dem reinen Zufall überlassen, wie die klassische Evolutionsbiologie mit Blick auf die Entstehung von Variationen glaubte, sondern folgen Regeln, die im biologischen System selbst begründet sind. Meine zentrale, durch wissenschaftliche Befunde gestützte These ist, dass schwere und anhaltende ökologische Stressoren Organismen bzw. ihre Zellen dazu veranlassen, die Architektur ihres Erbgutes zu verändern und Gene zu verdoppeln, und so die Entstehung neuer Arten begünstigen.

Die klassische Evolutionsbiologie tut sich mit den neuen Erkenntnissen noch schwer, wie nicht zuletzt manche Reaktionen auf dieses Buch gezeigt haben. Evolutionsbiologen der alten Schule sehen ihre Hauptaufgabe vor allem darin, die von Charles Darwin erkannte Tatsache der Evolution gegen Kreationisten und Anhänger des Intelligent Design-Konzeptes zu verteidigen.[3] Dagegen ist nichts einzuwenden. Doch hatte diese defensive Einengung zur Folge, dass auch gut begründete Kritik an Darwin vorschnell als unwissenschaftlich bezeichnet wurde. Vor allem Erkennt-

3 Kreationisten (miss-)verstehen die Schöpfungsgeschichte der Bibel im Sinne einer naturwissenschaftlichen Aussage und glauben, die Erde und alle auf ihr lebenden Arten seien vor einigen Tausend Jahren im Verlauf eines sechs- oder siebentägigen Schöpfungsaktes erschaffen worden. Anhänger des Intelligent Design-Konzeptes akzeptieren die Tatsache der Evolution, glauben aber, sie werde in ihrem Verlauf durch einen (göttlichen) Designer gesteuert. Beide Konzepte entbehren jeder naturwissenschaftlichen Grundlage und können daher innerhalb der Naturwissenschaften keinen Platz beanspruchen.

nisse der modernen Genetik wurden an manchen evolutionsbiologischen Lehrstühlen noch nicht wahrgenommen. Zwar halte auch ich es für außerordentlich wichtig, dass jedermann mit den Grundlagen der Evolution vertraut ist und die biblische Schöpfungsgeschichte nicht als naturwissenschaftlicher Bericht missverstanden wird. Was wir zum Erreichen dieses Ziels aber brauchen, sind nicht die von vielen Evolutionsbiologen geführten atheistischen Kampagnen, sondern bessere Bildungssysteme. In Ländern, in denen – wie in den USA – rund 15 Prozent der Menschen Analphabeten sind, finden irrationale Überzeugungen wie der Kreationismus einen idealen Nährboden. Das beste Rezept gegen Kreationismus und Intelligent Design ist bessere Bildung für alle Kinder.

Der ursprüngliche Untertitel dieses Buches lautete »Abschied vom Darwinismus«. Mit einem »…ismus« bezeichnet die deutsche Sprache keine wissenschaftliche Lehre, sondern eine ideologisch eingeengte Weltanschauung. Der Begriff des Darwinismus entstand in Deutschland im Zusammenhang mit Ernst Haeckel (1834–1919), der – unter ausdrücklicher Bezugnahme auf Darwin – rassistische Anschauungen vertrat und die Eugenik (d. h. die Unterscheidung zwischen Menschen mit »guten« und »schlechten« Genen) unterstützte.[4] Haeckel, der sich selbst als »Generalfeldmarschall des Darwinismus« bezeichnete, war Ehrenmitglied der 1905 gegründeten Deutschen Gesellschaft für Rassenhygiene. Haeckels Darwinismus wurde nach seinem Tod zum geistigen Wegbereiter des Nationalsozialis-

---

4 Zur Geschichte des Darwinismus zwischen 1870 und 1933 siehe Bauer (2006).

mus.[5] Nach dem 2. Weltkrieg bezeichnete der Begriff des Darwinismus die eingeengten Sichtweisen der sogenannten Soziobiologie.[6] Nachdem Darwinismus neuerdings nun aber – u. a. auch bei Wikipedia – zunehmend mit der Evolutionslehre als solcher gleichgesetzt wird (was m. E. falsch ist), habe ich mich für einen neuen Untertitel entschieden, um das Missverständnis zu vermeiden, mein Buch argumentiere gegen die Evolutionslehre als solche. Tatsächlich halte ich die von Charles Darwin erkannte Tatsache der Evolution für unumstößlich.

Freiburg, im Frühjahr 2010 *Joachim Bauer*

---

5 Ungeachtet dessen verboten die Nazis den »Monistenbund«, eine Haeckel ergebene quasireligiöse Vereinigung.

6 Ein typisches, für mich zum modernen »Darwinismus« zählendes Konzept ist »Das egoistische Gen« (Dawkins 1976, 2004).

Wir dürfen beginnen, über die Evolution im Sinne der Entwicklung von Systemen zu denken, anstatt sie als eine Wanderung mit verbundenen Augen durch das Dickicht der reinigenden Selektion anzusehen.[1]

James A. Shapiro

1 Einführung

Denkverbote, Dogmatismus und Mangel an Vorstellungskraft sind das Ende jeder Wissenschaft. Barbara McClintock gelangen vor über fünf Jahrzehnten einige Entdeckungen, deren Tragweite wir erst heute begreifen. Die amerikanische Genetikerin blieb über dreißig Jahre hinweg eine in der »Scientific Community« isolierte Kollegin. Sie konnte ihre Forschungsergebnisse lange in keinem der angesehenen internationalen Journale publizieren, auch in Lehrbüchern wurde sie zunächst totgeschwiegen. Nur Joshua Lederberg, einer der Pioniere der modernen Genforschung[2], war sich nicht ganz sicher: »By god, that woman is either crazy or a genius.«[3] Erst als viele Jahre später zahlreiche weitere Forscher wiederholt die gleichen Beob-

1 »We may now begin to think of evolution in terms of systems engineering rather than as a blind walk through the thickets of purifying selection« (Shapiro, 2006).

2 Joshua Lederberg (1925–2008) entdeckte 1952, dass Phagen (virenartige Partikel) Gene von einem Bakterium auf ein anderes übertragen können (»Transduktion«). 1958 erhielt er den Nobelpreis für Physiologie/Medizin.

3 »Bei Gott, diese Frau ist entweder verrückt oder genial.« Zitiert nach Fox-Keller (1983).

achtungen wie McClintock machten, wurde die Genialität ihrer Entdeckungen erkannt, und schließlich kam man nicht umhin, ihr sogar den Nobelpreis zu verleihen. Dies ist lange her – sie erhielt ihn 1983. Aber die Fragen, um die es damals ging, sind heute aktueller denn je. Die innerhalb der letzten Jahre durchgeführte vollständige Aufklärung zahlreicher Genome [4] – nicht nur des Menschen, sondern auch vieler weiterer, vor allem sogenannter niederer Spezies – versetzt uns seit kurzem in die Lage zu erkennen, nach welchen Regeln sich Gene entlang der Evolution entwickelt haben. [5] Und erst vor diesem Hintergrund zeigt sich nun, welch immense Tragweite die Beobachtungen McClintocks tatsächlich hatten.[6]

Ihre Entdeckung eines dynamischen, unter dem Einfluss äußerer Stressoren sich gelegentlich fast schlagartig selbst verändernden Genoms[7] wurde durch die Genforschung der vergangenen zehn Jahre – und deren Ergebnisse werden den Kern dieses Buches bilden – eindrucksvoll bestätigt. Was diese außergewöhnliche Frau mit einem bahnbrechenden Experiment bereits 1944 in den legendären Labors von Cold Spring Harbor in der Nähe von New York entdeckte, widerspricht aber der vorherrschenden darwinistischen Denkschule, deren moderne Variante innerhalb der heutigen Biologie als »New Synthesis«-Theorie be-

---

4 Jede kernhaltige Zelle eines Organismus besitzt das komplette Genom. Aktiviert sind aber in der jeweiligen Zelle nur bestimmte, für die Funktion *dieser* Zelle maßgebliche Teile des Genoms.

5 International Human Genome Sequencing Consortium (2001, 2004), Mouse Genome Sequencing Consortium (2002).

6 Pennisi (2007).

7 McClintock (1983).

zeichnet wird.[8] Dass McClintocks Arbeiten und das, was nach ihr folgte, bis heute nicht zu einer längst fälligen Neukonzeption unserer Vorstellungen über die Evolution geführt haben, hat damit zu tun, dass das Denken darüber, was Biologie ist, in erheblichem Maße auf Vorstellungen basiert, die zum Teil aus der mechanischen Physik und zum Teil aus der Ökonomie stammen. Das Statement des renommierten und einflussreichen Evolutionsbiologen Ernst Mayr – »Die Biologie ist keine zweite Physik«[9] – vermochte nicht zu verhindern, dass tonangebende Theoretiker unserer Zeit Lebewesen immer noch als »Maschinen« betrachten.[10] Doch würden Genome wie eine Maschine arbeiten, das heißt, ohne die Fähigkeit lebender Systeme, die eigene Konstruktion nach inneren Regeln immer wieder neu zu modifizieren und auf äußere Stressoren kreativ zu reagieren, wäre das »Projekt Leben« wohl schon vor langem gescheitert.

Wir spüren heute, mit welch weitreichenden Bedrohungen durch globale Veränderungen unserer Umwelt wir bald konfrontiert sein könnten. Für die Entwicklung, die das Biotop Erde derzeit zu verkraften hat, stehen die Megazentren unserer Zivilisation, deren nächtliches Leuchten bis in die Erdumlaufbahn zu sehen ist. Doch unser Globus war für das Leben, dessen Teil wir sind, zu keiner Zeit ein gemütlicher Platz. Wer auf die Abfolge schwerer und schwerster Katastrophen zurückblickt, denen die Biosphäre im

8 Kutschera und Niklas (2004).
9 Mayr (2004).
10 Dawkins (1976/2004).

Verlauf der Erdgeschichte ausgesetzt war, wird sich, nicht ohne ein gewisses Erstaunen, vor allem eines fragen: Wie konnte das Leben unter solchen Umständen überhaupt überleben?

Mit diesem Buch möchte ich Einblick in neuere, wissenschaftlich gesicherte, in der breiteren Öffentlichkeit bisher aber nur wenig – oder gar nicht – wahrgenommene Erkenntnisse geben. Ich werde zeigen, über welche inhärenten, also in ihnen selbst angelegte biologische Strategien Organismen und ihre Gene verfügen, um Herausforderungen zu meistern, und wie es möglich war, dass sich das Leben, herausgefordert durch eine respektable Serie äußerst bedrohlicher Situationen, die unser Globus im Verlauf der Evolutionsgeschichte durchlief, behaupten konnte.

Charles Darwin[11] erkannte, dass alle jemals vorhandenen Lebensformen dieser Erde untereinander durch einen gemeinsamen evolutionären Stammbaum verbunden sind, vor allem aber, dass nicht Schöpfung im naiven Sinne dieses Wortes, sondern eine biologische *Entwicklung* immer wieder neue Spezies (den Menschen eingeschlossen) aus bereits vorhandenen Arten des Lebens entstehen ließ und vermutlich weiterhin entstehen lassen wird.[12] Zusätzlich zu dieser fundamentalen, durch unzählige Beobachtungen solide gesicherten Erkenntnis formulierte Darwin jedoch drei weitere Aussagen, die ebenfalls zentrale Dogmen des modernen Darwinismus (der schon erwähnten »Synthetischen Theorie«[13]) sind.

---

11 Darwin (1859, 1871).

12 Dies anzuerkennen, bedeutet nicht notwendigerweise, eine atheistische Position zu beziehen.

13 Kutschera und Niklas (2004).

Das erste Dogma lautet: Veränderungen, die in bestehenden Arten entlang der Evolution auftreten und potenziell zur Entstehung neuer Spezies führen, unterliegen ausschließlich dem *Zufallsprinzip*, sowohl was ihre Qualität als auch – und dies bezieht sich bereits auf die zweite zentrale Aussage – was den Zeitpunkt ihres Auftretens betrifft. Das zweite Postulat des Darwinismus lautet, dass biologische Veränderungen, denen Spezies unterworfen sind, ausschließlich *langsam-kontinuierlich* bzw. *linear* auftreten. Das dritte darwinistische Dogma hebt die Bedeutung der Selektion hervor. Bekanntlich können nicht alle Varianten, welche die Evolution hervorbringt, dauerhaft bestehen. Der Prozess der Auslese oder Selektion wird vom Darwinismus – unter Auslassung des *primären* Prinzips biologischer Kooperativität[14] – dahingehend interpretiert, dass *ausschließlich maximale Fortpflanzung* darüber entscheide, wer den »Kampf ums Überleben« gewinne. Das Prinzip der Selektion begünstige daher nur solche (zufälligen) Veränderungen von Organismen, die der effektiveren Fortpflanzung dienen, diesbezüglich bestehe ein fortwährender »Selektionsdruck«.

Darwins ursprüngliche Theorie, die Selektion basiere auf einem – sowohl zwischen Individuen als auch zwischen Arten – untereinander geführten Vernichtungskampf, wurde, nachdem ihre wissenschaftliche Unhaltbarkeit nicht mehr zu bestreiten war, vom modernen Darwinismus still

14 Die Prinzipien der Kooperativität und des Altruismus wurden von Charles Darwin und der darwinistischen Denkschule von Anfang an erkannt, haben sich nach darwinistischer und soziobiologischer Lesart aber *sekundär* – als optimierte Strategien im Überlebenskampf bzw. als Folge des Selektionsdruckes – entwickelt. Dass Kooperativität – manchmal – eine optimierte Strategie im Überlebenskampf sein kann, ist unbestritten.

und leise zu Grabe getragen.[15] Für die katastrophalen historischen Konsequenzen, die Darwins Aussage, auch der Mensch müsse einem fortwährenden Kampf ausgesetzt bleiben[16], nach sich zog[17], hat der Darwinismus, der sich neuerdings gern auch als moralische Instanz aufspielt[18], niemals Verantwortung übernommen.

Die Strategien, mit denen lebende Systeme sich in der Evolution entwickeln und verändern, folgen in wesentlichen Teilen nicht dem Zufallsprinzip, sind also nicht »random«, wie sich anhand einer inzwischen unabweisbaren wissenschaftlichen Datenlage zeigen lässt. Zudem war die Entwicklung der Arten im Pflanzen- und Tierreich kein kontinuierlicher, linearer Prozess, sondern erfolgte überwiegend in Schüben, die – nach allem, was wir heute wissen – im Zusammenhang mit massiven Veränderungen der jeweiligen geophysikalischen bzw. klimatischen Umwelt standen. Weiterhin zeigen zahlreiche Beobachtungen, dass Arten zwar – dies war und ist allerdings eher eine Binsenweisheit als eine besondere Erkenntnis – einer natürli-

---

15 Kutschera und Niklas (2004).

16 In der »Allgemeinen Zusammenfassung« am Ende seines zweiten Hauptwerkes schrieb Charles Darwin: »Wie jedes andere Tier, so ist auch der Mensch ohne Zweifel auf seinen gegenwärtigen hohen Zustand durch einen Kampf um die Existenz infolge seiner rapiden Vervielfältigung gelangt. Und wenn er noch höher fortschreiten soll, so muss er einem heftigen Kampfe ausgesetzt bleiben« (Darwin, 1871, S. 700). Entgegen einer weithin vertretenen Auffassung war Charles Darwin tatsächlich Sozialdarwinist und hat sich unter anderem – wie später auch der Soziobiologe Richard Dawkins (Dawkins, 1976/2004) – kritisch zum Sozialstaat geäußert, in dem beide (Darwin und Dawkins) ein gegen die Selektion gerichtetes Übel sahen bzw. sehen (Darwin, 1871, S. 148; Dawkins, 1976/2004, S. 198).

17 Siehe dazu Richard Weikart: »From Darwin to Hitler« (Weikart, 2004).

18 Schmidt-Salomon (2006), siehe dazu auch einen Beitrag von Thomas Thiel in der *FAZ* vom 5. März 2008 (Thiel, 2008).

chen Auslese unterworfen sind, dass sich Gene aber keineswegs nur in Richtung maximaler Reproduktionsfähigkeit entwickeln, sondern auch »neutrale« (das heißt keinen Selektionsvorteil gewährende) neue Varianten hervorbringen können. Bei weitem nicht alles, was im Verlauf der Evolution entstand, ist dem Druck der Selektion geschuldet.

Das »Verhalten« lebender Systeme, in kreativer Weise neue genetische Varianten zu erproben und dabei immer komplexer zu werden, liegt in ihnen selbst begründet. Vor dem Hintergrund der neueren Erkenntnisse erweist sich das Genom als ein mit einem biologischen Sensorium ausgestattetes Organ mit einer beachtlichen Fähigkeit, sich anzupassen und sich, angestoßen durch Veränderungen der jeweiligen Umwelt, selbst zu verändern.[19] *Gene bzw. Genome folgen drei biologischen Grundprinzipien (die sich, nebenbei bemerkt, außerhalb der Biosphäre nicht finden lassen): Kooperativität, Kommunikation und Kreativität.*

Veränderungen unserer Umwelt sind für das Leben nicht die einzige Gefahr. Noch bevor wir zu einem mehr oder weniger nahen Zeitpunkt vom globalen Wandel unserer heutigen Umwelt endgültig eingeholt werden, könnten wir es geschafft haben, uns selbst ein Ende zu bereiten (ich bin diesbezüglich ausgesprochen pessimistisch). Was uns hier gegenübertritt, ist ein durchaus »natürliches«, zur Biosphäre zählendes Phänomen, es ist das Potenzial menschlicher Destruktivität. Die Dynamik destruktiver menschlicher Aggression hat die Naturforscher seit jeher beschäftigt.

---

19 McClintock (1983), Eichler und Sankoff (2003), Coghlan et al. (2005), Shapiro (1999, 2005, 2006), Shapiro und Sternberg (2005), Canestro et al. (2007).

Die Chancen, dass wir uns selbst vernichten, stehen relativ gut. Ob die Spezies Mensch ein Teil der Zukunft dieser Erde sein wird, ist völlig unsicher.

Aber noch leben wir. Obwohl es bei einigen Evolutionsbiologen neuerdings wieder en vogue geworden ist, dem Menschen keinen besonderen Status innerhalb der Artengemeinschaft zuzusprechen, so sind wir doch vermutlich die einzige Spezies, die sich selbst, ihre Vergangenheit und ihre Zukunft reflektieren kann. Aus solcher Reflexion entstandene Konzepte, die wir uns über Naturphänomene – Aggression eingeschlossen – machen, haben die Macht einer sich selbst erfüllenden Prophezeiung, sie wirken zumindest nachhaltig auf das reale Leben selbst zurück und können dieses verändern. Kaum irgendwo hat sich dies deutlicher gezeigt als bei der Rezeption Darwins, und dies wiederum ganz besonders in unserem Land.[20] Daher werde ich das achte Kapitel dieses Buches einigen Aspekten der menschlichen Aggression widmen.

Charles Darwin war, ebenso wie Karl Marx und Sigmund Freud (die ihn beide intensiv und zustimmend rezipiert haben), einer der großen Aufklärer unseres wissenschaftlichen Zeitalters. Es fällt auf, dass sowohl Darwin als auch Marx und Freud eine besondere Art von Anhängerschaft hatten. Nicht ohne Ironie ist, dass sich Teile dieser Anhängerschaft – nicht alle! – durch ein Verhalten auszeichneten, das zumindest Darwin und Freud abgelehnt hätten, weil sie es eigentlich überwinden wollten: eine unkritische,

---

20 Siehe dazu nochmals Weikart (2004) sowie Kapitel 4 meines Buches »Prinzip Menschlichkeit« (2006).

quasireligiöse, in Teilen sogar sektiererische Glaubenshaltung.

Da Fanatismus aber nicht nur bei den Anhängern, sondern auch bei den Gegnern der drei genannten Denker anzutreffen war bzw. ist, ergab sich eine Situation, die wir im öffentlichen Diskurs bis heute beobachten können und die sich, was Darwin und den Darwinismus betrifft, im Bereich der westlichen Welt aktuell wie folgt darstellt: Auf der einen Seite vertreten fundamentalreligiöse, überwiegend US-amerikanische Gruppen die rational völlig unhaltbaren Konzepte des »Kreationismus« oder des sogenannten Intelligent Design.[21] Auf der anderen Seite finden sich – teilweise nicht minder fanatische – Darwin-Anhänger, die jede auch noch so differenzierte Kritik des Darwinismus ablehnen und auch solche Positionen Darwins unnachgiebig verteidigen, die inzwischen unhaltbar geworden sind.[22] Mehr noch: Einer besonders starken Strömung des modernen Darwinismus, der sogenannten Soziobiologie, verdanken wir eine darwinistische Neuschöpfung: die Idee vom »egoistischen Gen«.[23] Obwohl auch darwinistische Evolutionsbiologen diskret einräumen, dass die Theorie, Gene seien gegeneinander agierende Akteure, unsinnig ist[24],

---

21 Kreationismus ist die Bezeichnung für die auf den Wortlaut der Bibel gestützte Überzeugung, die Welt sei tatsächlich vor einigen Tausend Jahren von einem Schöpfer-Gott innerhalb von sechs oder sieben Tagen erschaffen worden. Das »Intelligent Design«-Konzept besagt, ein Gott habe seinen Plan (»Design«) am Beginn der Evolution so in dieser verankert, dass alles, was sich in ihrem Verlauf entwickelt und künftig entwickeln wird, Ausdruck seines »Design« sei.

22 James Saphiro, Molekularbiologe an der Universität Chicago, plädierte vor dem Hintergrund dieser Situation für einen »dritten Weg« (Saphiro, 1996).

23 Dawkins (1976/2004).

24 Kutschera und Niklas (2004): »Wir stimmen zu, dass *der gesamte Organismus* Gegenstand der Selektion ist, und betrachten die reduktionistische Definition

scheint heute in manchen Kreisen fast jeder Unsinn Narrenfreiheit zu genießen, solange sich sein Verfasser zu Darwin bekennt.

In zwei Aspekten sind sich Kreationisten und maßgebliche Meinungsführer der Soziobiologie bzw. des Darwinismus ebenbürtig. Beide Seiten schwingen sich zu Aussagen über Dinge auf, für die ihre Disziplin nicht zuständig ist. Der fundamentalreligiöse Kreationismus der USA, der uns hier in Europa bisher glücklicherweise weitgehend erspart blieb (und dessen irrationale Wucht, mit der er in den USA agiert, den meisten diesseits des Atlantiks fremd ist), meint, aus der Bibel Aussagen zur Erdgeschichte ableiten zu können. Umgekehrt beansprucht der zurzeit weltweit einflussreichste Darwinist – und zugleich führende Soziobiologe – in einer kürzlich auf den Markt gebrachten antireligiösen Polemik, eine *wissenschaftlich begründete* Aussage über die »Wahrscheinlichkeit« der Existenz eines Gottes machen zu können (wobei er paradoxerweise mit dem Kreationismus dessen naiv-konkretistische Vorstellung eines physikalisch mess- oder mathematisch berechenbaren Gottes teilt).[25] Das zweite verbindende Element zwischen den Streitparteien ist, dass man als Außenstehender von beiden Seiten auch dann unversehens dem Lager der Gegner zugerechnet und ins Fadenkreuz genommen wird, wenn man bestimmte Einzelpositionen in differenzierter Weise kritisiert. So wurde ein durch hervorragende Leistungen ausgewie-

---

der Evolution, wie sie aus einer nur auf die Gene bezogenen Perspektive hervorging, als bei weitem zu eng gefasst« (S. 262). »Die natürliche Selektion wirkt nicht direkt auf den Genotyp, sie wirkt auf den Phänotyp« (S. 268).

25 Dawkins (2007 a, b). Charles Darwin war vom antireligiösen Fanatismus eines Richard Dawkins weit entfernt, siehe dazu Kapitel 9 und 10.

sener, untadeliger Direktor eines Max-Planck-Instituts in der internationalen Spitzenzeitschrift *Nature* denunziert und in die Nähe von Kreationismus und »Intelligent Design« gerückt[26], nur weil er sich – in einem anderen renommierten Fachjournal – am Rande eines Artikels mit Einzelaspekten des Darwin'schen Konzepts kritisch auseinandergesetzt hatte.[27]

Charles Darwin wären Polemiken, derer sich manche seiner Verehrer ebenso wie seine fundamentalreligiösen Gegner heute wieder befleißigen, wohl fremd gewesen. Um dies zu zeigen, werde ich das neunte Kapitel einigen überraschenden Ansichten und erstaunlichen, aber wenig bekannten Aspekten der Persönlichkeit dieses großen Aufklärers widmen. Ich vermute, Charles Darwin hätte die neueren genetischen Erkenntnisse, die ich darstellen werde und die einige Positionen des Darwinismus infrage stellen, mit Interesse aufgenommen. Ähnlich wie sich manch glühende Verehrer von Freud und Marx lange Zeit schwer damit taten, die spätere wissenschaftliche bzw. historische Widerlegung bestimmter Teilpositionen des Werks dieser beiden Denker zu akzeptieren, so wird es letzten Endes nicht zu verhindern sein, auch über Charles Darwin differenzierend nachzudenken und einige seiner Postulate zu korrigieren. Dazu soll dieses Buch einen Beitrag leisten.

Ich will versuchen, neue Forschungsergebnisse so zu beschreiben, dass sie auch für Nichtexperten verständlich sind. Wer sich durch die zahlreichen Fußnoten abgelenkt

---

26 Kutschera (2003).

27 Lönnig und Saedler (2002).

oder gestört fühlt, möge sie übergehen und sich auf die Lektüre des Textes selbst beschränken. Die Fußnoten enthalten ergänzende und erklärende Informationen. Sie sind notwendig, um – für den Diskurs, den das Buch anstoßen soll – deutlich zu machen, dass ich mich auf Fakten und nicht auf Spekulationen stütze. Das Buch beschränkt sich jedoch nicht nur darauf, wiederzugeben, was wir mittels neuerer Forschungen über das Leben der Gene in Erfahrung gebracht haben, sondern führt das heute verfügbare Wissen in einer Weise zusammen, die ein vertieftes Gesamtverständnis dessen erzeugen soll, was Leben ist. Nichts sollte uns aufhalten, unsere bereits beachtlichen biologischen Kenntnisse auch künftig zu erweitern und zu vertiefen.

Ich persönlich hoffe, dass wir – gerade wegen der uns heute zugänglichen molekulargenetischen Aspekte – nicht das Gespür dafür verlieren, welch einzigartiges Geschenk das Leben ist, eine Gabe, der wir – wie es der Nobelpreisträger Albert Schweitzer einst formulierte – mit »Ehrfurcht« begegnen sollten. Ebenso sollten wir anerkennen, dass die Biologie ihr letztes Geheimnis wohl niemals lüften wird. Auch Darwin – ich werde dies am Ende des Buches zeigen – war sich dessen voll bewusst.

> Ein Genom kann sich selbst verändern, wenn es mit ungewohnten äußeren Bedingungen konfrontiert ist.[1]
>
> *Barbara McClintock*

2 Eine Revolution biologischen Denkens: Genom und Zelle als kreatives System

Erst die vollständige Analyse des Genoms des Menschen und zahlreicher weiterer Spezies des Tier- und Pflanzenreiches[2] machte es möglich, die Entwicklungsgeschichte der Gene seit den Anfängen des Lebens zu rekonstruieren. Das Genom eines jeden Organismus lässt einige grundlegende, allen Spezies gemeinsame architektonische Merkmale erkennen. Diese Architektur betrifft nicht nur die Prinzipien, nach denen Genome aufgebaut sind und ihre Funktionen ausüben, sondern vor allem auch die Grundregeln, nach denen sie sich im Verlauf der Evolution verändert und entwickelt haben (und wohl auch weiterhin entwickeln werden).[3] Gene und Genome sind weder statische noch autonome Größen. Die Aktivität von Genen wird von der Zelle fortlaufend an deren Bedürfnisse und an die des Or-

1 »A genome may modify itself when confronted with unfamiliar conditions« (McClintock, 1983).

2 Siehe unter anderem International Human Genome Sequencing Consortium (2001, 2004), Mouse Genome Sequencing Consortium (2002), Jaillon et al. (2004), Venkatesh et al. (2007), Rensing et al. (2008).

3 Canestro et al. (2007), Pennisi (2007), Shapiro (1999, 2005, 2006), Shapiro und Sternberg (2005).

ganismus angepasst, also reguliert. Jedem Gen hinzugesellt (in der Regel vorangestellt) ist ein Genschalter (»Promoter«), der als Adresse zahlreicher von der Zelle kommender Signale dient. Gene, Zellen und Organismus stehen in permanenter Kommunikation. Gene können allein nichts ausrichten, jede genetische Aktivität setzt Kooperation mit verschiedenen Akteuren der Zelle voraus. Gene sind Kommunikatoren und Kooperatoren.

Auch die Gesamtheit der Gene, das Genom, unterliegt der Regie der Zelle und des Organismus. Genome bestehen aus einem System von Modulen, derer sich die Zelle bedient, um biologische Prozesse in Gang zu setzen und aufrechtzuerhalten. Alle sich in der Zelle abspielenden biologischen Prozesse stehen unter dem Einfluss von Umweltbedingungen. Signale aus der Umwelt haben somit immer auch Auswirkungen auf die Abläufe im Genom. Die Analyse von Genomen zahlreicher Spezies zeigte, dass Genome von ihren Zellen auf einen jeweils aktuellen – an den momentanen Umweltbedingungen ausgerichteten – Funktionsmodus »eingestellt« werden und dass Organismen im Verlauf der Evolution zu bestimmten Zeitpunkten die Struktur ihres Genoms – und damit sich selbst – verändert haben.[4] Diese Veränderungen, auf denen die Entstehung neuer Spezies beruhte und beruht, ereigneten sich nicht zufällig, sondern schubartig zu bestimmten Zeitpunkten der Evolution. Solche Entwicklungsschübe stehen – nach allem, was bekannt ist – im Zusammenhang mit schweren oder anhaltenden Umweltstressoren, denen das Leben ausgesetzt war.

4 »External influences can alter the cell in heritable ways« (Von außen kommende Einflüsse können in der Zelle zu erblichen Veränderungen führen), so der Nobelpreisträger Craig Mello (2006).

Nicht nur der *Zeitpunkt* größerer Veränderungen des Genoms, auch die *Art* dieser Veränderungen war bzw. ist kein Zufallsprozess.[5] Genome verändern sich gemäß eigenen, in ihnen selbst angelegten Prozeduren. Alle Genome – dies gehörte zu den wichtigsten Erkenntnissen der Genforschung der letzten Jahre – enthalten *Elemente, die einen Umbau des eigenen Genoms bewirken können.*[6] Ich werde diese Elemente, in der englischen Fachliteratur *transposable elements (TEs)* genannt, als *Transpositionselemente* bezeichnen. Diese wichtigen Komponenten des Genoms wurden, da sie keine Gene im klassischen Sinne sind, bis vor kurzem nicht beachtet, sondern als funktionsloser »Gen-Müll« (»Junk DNA«) oder – in Übereinstimmung mit der derzeit vorherrschenden darwinistischen bzw. soziobiologischen Ideologie – als »selbstsüchtiges« (nicht dem Organismus dienendes) genetisches Material betrachtet. Doch das Gegenteil ist der Fall: Ohne Transpositionselemente, wie wir sie innerhalb eines jeden Genoms – vom Fadenwurm bis zum Homo sapiens – finden, hätte es keine Entwicklung von Leben und keine Evolution gegeben. Um vererblich zu sein, müssen die durch die Transpositionselemente veranlassten Veränderungen notwendigerweise in jenen Zellen eines Organismus stattfinden, aus denen der Nachwuchs hervorgehen wird. Diese Zellen, die sogenannte Keimbahn, sind in den meisten Spezies von vielen Einflüssen, denen

---

5 Sie ist allerdings auch nicht determiniert, sondern im Sinne einer Entwicklungsrichtung *gebahnt*.

6 McClintock (1983), Brosius (1999, 2002, 2003, 2005), Pardue et al. (2001), Arkhipova und Morrison (2001), Lönnig und Saedler (2002), Eichler und Sankoff (2003), Jurka (2004), Jurka et al. (2005), Coghlan et al. (2005), Shapiro (2005, 2006), Shapiro und von Sternberg (2005), Pennisi (2007), Canestro (2007), Krull et al. (2007), Witzany (2009), Mattick (2009).

die übrigen Körperzellen ausgesetzt sind, abgeschirmt.[7] Daher war es bis vor kurzem undenkbar, dass sich Umwelteinflüsse auf die Keimbahn auswirken könnten. Auch dieses Dogma galt es zu modifizieren, nachdem in den vergangenen Jahren biologische Mechanismen[8] entdeckt wurden, mittels derer Vorgänge in somatischen Zellen sehr wohl zu Veränderungen des Erbguts der Keimbahn führen können.

Genetische Transpositionselemente finden sich im Genom aller Spezies. Die Genome höherer Arten, insbesondere aller Säugetiere einschließlich des Menschen, sind von ihnen geradezu bevölkert (eine Auflistung der im Erbgut des Menschen und weiterer Spezies anzutreffenden Transpositionselemente findet sich im Anhang 1, s. S. 190 f., was als Anzeichen für zahlreiche in der Vergangenheit bereits abgelaufene Umstrukturierungsschübe zu werten ist. Transpositionselemente können, *wenn* sie aktiv werden, im Genom Veränderungen verschiedenster Art vornehmen: Sie können sowohl ganze Gruppen von Genen als auch einzelne Gene (oder Teile von Genen) verdoppeln. Sie können Gene

---

7 Diese Abschirmung wird als Weismann-Barriere (»Weismann Barrier«) bezeichnet. Sie ist nach dem Freiburger Zoologen August Weismann (1834–1914) benannt, der erkannte, dass Einwirkungen aus der Umwelt somatische Zellen verändern können, ohne sich auf das Erbgut auszuwirken (wie es zum Beispiel der Fall ist, wenn ein Körpertraining zum Aufbau von Muskulatur führt, ohne dass dies – via Vererbung – zwingend sportliche Nachkommen zur Folge hätte). Berühmt-berüchtigt ist Weismanns Experiment, bei dem er mehreren Generationen von Mäusen die Schwänze abschnitt, um herauszufinden, dass keine der Nachgeborenen einen verkürzten oder fehlenden Schwanz hatte. Weismann hielt nichts von den Segnungen der modernen Medizin, da er meinte, sie laufe der natürlichen Selektion zuwider: So erachtete er es zum Beispiel als der Selektion zuwiderlaufend und daher als problematisch, dass sich Personen mit beeinträchtigtem Sehvermögen aufgrund der Verordnung von Brillen genauso gut vermehren konnten wie Sehtüchtige.

8 Zu nennen sind hier epigenetische Veränderungen oder der Mechanismus der sogenannten RNS-Interferenz. Auf beides werde ich an späterer Stelle eingehen.

innerhalb des Genoms von einer Position auf eine andere umsetzen oder in ihrer Orientierung umdrehen. Sie sind auch in der Lage, Gene (oder Teile von Genen) mit anderen Genen (oder Teilen anderer Gene) zusammenzufügen und so durch (Re-)Kombination neue Gene entstehen zu lassen. Schließlich können sie genetisches Material nicht nur verdoppeln oder umsetzen, sondern auch eliminieren.

Wie ich noch zeigen werde, existieren verschiedene Typen von Transpositionselementen (siehe Anhang 1, s. S. 190 f.). Manche dieser Sorten sind sogar in der Lage, Gene von einem Organismus zum Genom eines anderen, ja selbst von einer Spezies zu einer anderen zu versetzen (was tatsächlich auch vielfach passierte). Welche Veränderungen Transpositionselemente im Verlauf eines Veränderungsschubes im Genom vornehmen, ist weder genau vorherbestimmt noch völlig zufällig. Sie bevorzugen für ihre Aktivitäten bestimmte »Adressen« innerhalb des Genoms. *Wann* Transpositionselemente aktiv werden, *welche* Gene sie umsetzen und *wie* sie dies tun, ist jedenfalls nicht dem bloßen Zufall überlassen.

Ließe der Organismus der Aktivität von Transpositionselementen innerhalb seines Genoms freien Lauf, dann gäbe es nicht nur keine Stabilität der biologischen Prozesse, sondern auch keine Stabilität von Spezies. Alles wäre permanent im Fluss (so wie es am Beginn des Lebens vor etwa vier bis dreieinhalb Milliarden Jahren über einen sehr langen Zeitraum hinweg der Fall war). Tatsächlich unterliegt die Aktivität der Transpositionselemente einer strikten hemmenden Kontrolle durch die Zelle. An dieser Hemmung ist ein Mechanismus beteiligt, der als RNS-Interferenz bezeichnet wird[9]

9 Siehe unter anderem Tabara et al. (1999), Horman et al. (2006).

(dazu später mehr). Die Kontrolle der Transpositionselemente durch die Zelle garantiert, dass Lebewesen ein stabiles biologisches Erscheinungsbild (einen spezifischen Phänotyp) zeigen und dass Spezies über lange evolutionäre Zeiträume (in der Regel über Millionen von Jahren) hinweg das bleiben, was sie sind.

Nicht nur die vergleichende Analyse zahlreicher Genome unterschiedlicher Spezies, auch speziell dazu durchgeführte Experimente zeigen jedoch, dass die hemmende Kontrolle der Zelle über die Transpositionselemente ihres Genoms *plötzlich* nachlassen kann. Mögliche Auslöser für eine Enthemmung der Transpositionselemente und damit für einen genomischen Umbauschub sind massive äußere Stressoren. *Lebende Organismen reagieren auf schwere und anhaltende Belastungen, denen sie durch ihre Umwelt ausgesetzt werden, mit einem kreativen Prozess der Selbstmodifikation ihres Genoms.* Alle größeren Entwicklungsschritte der Evolution, insbesondere sogenannte Radiations- oder Divergenzprozesse (das heißt die Entstehung neuer Spezies aus einer gemeinsamen Vorstufe), waren mit Aktivitätsschüben von Transpositionselementen verbunden, was sich in Genomen heute noch nachweisen lässt.

Dass Gene Kommunikatoren und Kooperatoren sind und Genome sich unter dem Einfluss äußerer Faktoren punktuell verändern können, widerspricht gleich mehreren modernen darwinistischen bzw. soziobiologischen Dogmen. Dies war der Grund, warum die ersten Beobachtungen zur Mobilität von Genen, die Barbara McClintock vor über fünfzig Jahren gemacht hatte, jahrzehntelang als »crazy« angesehen wurden. McClintock hatte festgestellt, dass die Nachkommen von Maispflanzen nach der Bestrahlung mit Radioaktivität (einer von vielen möglichen äußeren Stressoren) ihren Phänotyp, das heißt ihr Aussehen ändern. Mehr noch: Einige der ausgelösten Veränderungen wurden hervorgerufen, indem genetisches Material während einer bestimmten Phase der Teilung einer Samenzelle so umgesetzt worden war, dass einige Nachkommen über die doppelte Dosis eines bestimmten Gens verfügten, während andere Nachkommen, obwohl sie von genetisch identischen Mutterpflanzen abstammten, die Aktivität des betreffenden Gens verloren hatten. McClintock erkannte die Ursache der von ihr beobachteten Umverteilungen von Erbmaterial: Sie entdeckte die Existenz der »transposable elements« (TEs), der Transpositionselemente, und war sich bald der generellen Bedeutung ihrer Beobachtungen bewusst: Sie erkannte das biologische Prinzip, dass Genome sich unter dem Einfluss von Stressoren selbst verändern können. Ihr erschien es als eine Art »Weisheit der Zelle«[10], auf schwere oder nachhaltige Veränderungen der Umwelt mit Selbstmodifikationen zu reagieren – mit dem Versuch, sich durch Kreativität an neue Bedingungen anzupassen.

Erst in den letzten Jahren wurde die universelle, den Prozess der Evolution betreffende Bedeutung der Erkenntnisse Barbara McClintocks in ihrer ganzen Tragweite deutlich. Sie erfordern – worauf einige wenige, aber durchaus namhafte Forscher seit längerem vorsichtig hinweisen[11] – eine nachhaltige Korrektur modernen biologischen Denkens.

10 »Cells make wise decisions and act upon them« (McClintock, 1983).

11 Siehe unter anderem Gould (1993), Woese (2002), Scherer und Junker (2003), Niller (2004), Brosius (2005), Shapiro (2005, 2006), siehe auch Nowak (2006).

Eine solche »Neue Theorie« wird angesichts einer die Wissenschaftsszene beherrschenden darwinistischen Denkschule jedoch (noch) nicht zugelassen. Zu den zentralen Dogmen des Darwinismus – auch in seiner derzeit gültigen Version »New Synthesis« – zählt, wie bereits erwähnt, dass Veränderungen des genetischen Substrats, die zur Bildung neuer Arten geführt haben und führen, einerseits ihrer Art nach dem Zufall folgen und andererseits gleichmäßig und kontinuierlich auftreten. Beides trifft nachweislich nicht zu: Genome zeigten im Verlauf der Evolution lange, Jahrmillionen dauernde Phasen erstaunlicher Stabilität (ein in der Fachliteratur als »robustness« oder »Stasis« bezeichnetes Phänomen[12]). Zu bestimmten Zeitpunkten der Evolution aber sind – in der Regel in allen jeweils vorhandenen Spezies – Entwicklungsschritte des Genoms zu beobachten, denen eine schubartige Aktivität von Transpositionselementen innerhalb der Genome zugrunde liegt. Dass Genome als mit biologischer Sensibilität gegenüber äußeren Einflüssen und mit Reaktionsvermögen ausgestattete »Organe« anzusehen sind, wie dies einige namhafte Forscher inzwischen klar formulieren, widerspricht modernen darwinistischen Konzepten diametral. Der Darwinismus ist daher heute mehr denn je in der Gefahr, sich zu einer Denk- und Erkenntnisbremse zu entwickeln, die unseren Blick auf die Biologie einengt und verzerrt.

12 Gould (1993), Visser et al. (2003).

Wir können die zelluläre Evolution nicht erklären, wenn wir klassischem Darwin'schem Denken verhaftet bleiben.[1]

Carl Woese

3 Gene: Weder Ursprung des Lebens noch autonome Akteure

Die Evolution ist ein ungeheuer facettenreicher Prozess, sie gleicht einer langen, erlebnisreichen, durch eine Reihe von schweren »Unfällen« immer wieder unterbrochenen Reise. Reisender ist das »Projekt Leben«. Der Prozess, der erstes Leben entstehen ließ, liegt etwa dreieinhalb bis vier Milliarden Jahre zurück.[2] Unser damals noch junger Planet[3] war zu diesem Zeitpunkt in einem Zustand, dem man, aus heutiger Sicht, die Entwicklung von Leben kaum zugetraut hätte. Permanenter globaler Vulkanismus führte in der Frühphase der Erdgeschichte zur Ausstoßung ungeheurer Mengen von Wasserdampf und Gasen. Der fortwährend ausgespiene Wasserdampf bildete Wolken, kondensierte, regnete ab und ließ ein Meer entstehen, das schließlich den

1 »We cannot expect to explain cellular evolution, if we stay locked into the classical Darwinian mode of thinking« (Woese, 2002).

2 Battistuzzi et al. (2004), Knoll (1996, 1999). Craig Mello datierte den Beginn des Lebens kürzlich auf dreieinhalb Milliarden Jahre (Mello, 2006).

3 Das Alter des Universums schätzen Astrophysiker auf etwa dreizehn bis sechzehn Milliarden, das der Milchstraße auf elf bis dreizehn Milliarden Jahre. Das Alter der Erde wurde, unter Einbeziehung von Analysen von Mondgestein, mit 4,58 bis 4,53 Milliarden Jahren berechnet (Stanley, 1999).

größten Teil der Erdoberfläche bedeckte. Wasserdampf und Kohlendioxid waren – nachdem sich Edelgase in den Kosmos verflüchtigt hatten – die Hauptkomponenten der frühen Erdatmosphäre, weitere Bestandteile waren unter anderem verschiedene Stickstoff- und Schwefelverbindungen. Es herrschte eine enorme Hitze. Auch das Meer hatte keine Badetemperatur, denn nach seiner Entstehung dauerte der – nunmehr submarine – Vulkanismus noch Hunderte von Millionen Jahren fort. Es gab keinerlei Voraussetzungen für Leben auf dem Land (dieses zunächst pflanzliche begann erst einige Milliarden Jahre später, nämlich vor rund 435 Millionen Jahren, kurz darauf folgten die ersten Landtiere). Erstes Leben, so wird allgemein angenommen, entwickelte sich in der Nähe heißer schwefelreicher Quellen am Meeresgrund.[4] Ich werde mich hüten, meinen Lesern nun eine Darstellung der Erdgeschichte zuzumuten. Worauf es mir im Folgenden ankommt, ist, das Augenmerk auf die Geschichte der Gene zu richten und zu diesem Zweck einige wichtige Stationen auf dem Weg zu beleuchten, den das Leben zurückgelegt hat (siehe ergänzend dazu die Abbildung auf Seite 140/141).

Gene standen nicht am Anfang des Lebens auf der Erde.[5] Die Entstehung erster lebender Systeme beruhte auf einer Kooperation zweier Sorten von Biomolekülen: Ribonukleinsäuren (RNS) und Proteine (Eiweiße). Beide Molekültypen bestehen aus linear – das heißt als Reihe, ähnlich

---

4 Stanley (1999).

5 »We tend to become overconfident with the explanatory power of DNA« (Wir haben die Neigung, zu viel mit der DNS allein erklären zu wollen; Mello, 2006).

einer Perlenkette – miteinander verbundenen Einzelbausteinen, wobei RNS aus vier, Proteine aus über zwanzig unterschiedlichen Bausteinen zusammengesetzt sind.[6] Deren Reihenfolge (»Sequenz«) bestimmt über die jeweiligen Funktionseigenschaften eines Moleküls. Die Kooperation beider Molekülarten beschränkt sich nicht darauf, dass sie – als fertige Moleküle – aneinander binden, zusammenwirken und sich gegenseitig verändern können. RNS-Moleküle und Proteine sind zudem in der Lage, sich wechselseitig herzustellen, das heißt, sich aus ihren Einzelbausteinen, den Aminosäuren bzw. Nukleotiden, zu synthetisieren. RNS-Moleküle haben sogar noch eine weitere Fähigkeit: Sie können die Baupläne von Proteinen speichern. Für diese unterschiedlichen Funktionen sind allerdings unterschiedliche RNS-Moleküle notwendig, das heißt, es gibt RNS-Moleküle, die Proteine synthetisieren, und andere, welche die Information über die Aminosäuren-Sequenzen bestimmter Proteine, das heißt deren Baupläne tragen (beide RNS-Typen müssen also bei der Synthese von Proteinen kooperieren). Umgekehrt können Proteine – als sogenannte Enzyme – nicht nur den Aufbau oder die Zerstörung einer RNS veranlassen, sie können Ribonukleinsäuren auch gezielt schneiden oder miteinander verbinden.

Den Anfang des Lebens markiert – neben biologischer Kooperativität – das Prinzip der Kommunikation, das heißt des Erkennens und der Übermittlung von Information. RNS- und Proteinmoleküle haben nicht nur eine bestimm-

6 Einzelbausteine der RNS werden als Nukleotide bezeichnet, die Bausteine von Proteinen als Aminosäuren.

te, jedem Molekül eigene Funktionsmöglichkeit. Jedes Molekül enthält zugleich auch eine Information. Sie betrifft zunächst den *eigenen* Bauplan, der identisch ist mit der Reihenfolge, der Sequenz, in der die Einzelbausteine innerhalb eines Moleküls angeordnet sind. Der Sequenz der vier RNS-Bausteine innerhalb eines RNS-Moleküls kommt dabei eine besondere Rolle als Informationsträger und Kommunikator zu, denn sie ist nicht nur die entscheidende Information über den Bauplan ebendieses RNS-Moleküls, sondern kann, wie schon erwähnt, auch dazu dienen, Baupläne für Proteine zu speichern (zu »kodieren«). Dies geschieht, indem jeweils drei RNS-Bausteine als sogenanntes Triplett eine bestimmte Aminosäure (also einen bestimmten Einzelbaustein für die Synthese eines Proteins) bezeichnen. Die Reihenfolge der Tripletts innerhalb eines RNS-Moleküls determiniert auf diese Weise die Sequenz der Aminosäuren für den Bau eines bestimmten Proteins.

Die Sequenz der RNS-Bausteine hat noch eine weitere Funktion: Sie stellt einen »Text« dar, der für die eventuelle Herstellung einer spiegelbildlichen Kopie ebendieses RNS-Moleküls dienen kann. RNS-Moleküle können also zur Vorlage für die Kopie ihrer selbst werden. Das Spiegelprinzip beruht darauf, dass jeweils zwei der vier RNS-Bausteine ein »Gegenüber« (ein »Paar«) bilden können. Mit Hilfe spezialisierter Proteine, die als Werkzeuge fungieren, kann entlang der Sequenz eines bestehenden RNS-Moleküls ein zweiter, spiegelbildlicher RNS-Strang synthetisiert werden. Neben dieser Möglichkeit, eine Kopie herzustellen, befähigt das molekulare Spiegelprinzip unterschiedliche RNS-Moleküle dazu, sich untereinander zu »erkennen«: Wenn kurze Sequenzabschnitte eines RNS-Moleküls in einem Sequenzabschnitt eines anderen RNS-Moleküls ein spiegelbildliches »Gegenüber« finden, kann dies zum Beispiel zu einer losen, reversiblen Bindung und Kooperation der beiden RNS-Moleküle führen. – Damit sind alle wesentlichen Voraussetzungen beschrieben, die den Beginn des Lebens möglich machten.

Das Leben begann in einer sogenannten RNS-Welt[7]*: Erste lebende Systeme bestanden aus kooperierenden und kommunizierenden Ensembles von RNS- und Proteinmolekülen, die zudem in der Lage waren, sich selbst zu erneuern und zu reproduzieren.*[8] Was diese Systeme auszeichnete, war »connectedness«[9]. Erste lebende Systeme waren *entscheidend* mehr als die Summe ihrer Einzelteile. Keine der Komponenten innerhalb eines Ensembles – weder RNS noch Proteine – war autonom. Es herrschte ausnahmslos wechselseitige Abhängigkeit. Nichts konnte geschehen außer durch Kooperation. Die von Richard Dawkins als Startpunkt des Lebens postulierten egoistischen »Replikatoren« (seine Bezeichnung für die Vorläufer von Genen) haben nie existiert, sie sind ein Fantasieprodukt.[10]

---

7 Woese (2002), Brosius (2002, 2003, 2005).

8 Der Evolutionsbiologe, Biophysiker und Mikrobiologe Carl Woese, geboren 1928, nannte diese Ensembles »supramolecular aggregates«, kurz SMA (Woese, 2002). 1967 veröffentlichte er sein (später von Walter Gilbert übernommenes und allgemein akzeptiertes) Konzept einer »RNS-Welt« und 1977 das durch zahlreiche Beobachtungen gestützte (und mittlerweile ebenfalls allgemein akzeptierte) Konzept von drei Urzelltypen am Beginn des Lebens: Archeae, Bakterien und Eukaryonten (Woese, 1977).

9 »To connect«, zu Deutsch: (miteinander) verbinden. Auch der Begriff der »connectedness« stammt von Carl Woese (Woese, 2002).

10 Dieses Fantasieprodukt führt als »Mem« seither allerdings ein kurioses Eigenleben. Als »Meme« bezeichnete Dawkins, Meinungsführer des zeitgenössischen Darwinismus, menschliche Gedanken, Ideen und kulturelle Schöpfungen (Daw-

Die Ensembles der »RNS-Welt« waren weder stabil noch untereinander identisch, vielmehr wurden Komponenten fortwährend untereinander ausgetauscht. *Die Natur befand sich in einem Suchprozess, der nach Art eines rekombinatorischen Spiels ablief.* Auch nachdem sich erste lebende Systeme mit einer Membran umgeben hatten und damit zu Zellen geworden waren, ging der Austausch von Komponenten weiter: RNS-Moleküle konnten Zellen verlassen und sich in andere integrieren. Im Verband eines lebenden Systems blieben auf Dauer nur solche Elemente, die im System eine funktionale Rolle spielten, das heißt mit anderen Komponenten konkret verbunden waren. *Biologische Kooperativität war also das entscheidende Kriterium* dafür, welche Komponenten an der weiteren Entwicklung eines zellulären Biosystems beteiligt blieben. Biologische Kooperation war kein Mittel zum Zweck im Kampf ums Überleben. Sie *war*, was »Leben« ausmachte.

Von der RNS-Welt zur Welt der DNS-Gene

Gene entstanden, weil Zellen im Frühstadium der Evolution (in einem vor mehr als drei Milliarden Jahren gelegenen Zeitraum[11]) begannen, »Sicherungskopien« ihrer RNS-Moleküle herzustellen, die in einer Art »Bibliothek der Zelle« aufbewahrt wurden. Das Material dieser Siche-

---

kins, 1976/2004). Wie Gene, so stünden auch »Meme« im gegenseitigen Kampf um die Vorherrschaft. Mit seiner Vorstellung, vom Individuum abstrahierte »Meme« seien Akteure der Geschichte, reanimiert Dawkins kurioserweise – ohne sich als Zoologe dessen bewusst zu sein – Hegels Idee vom »Weltgeist«.

11 Jürgen Brosius ist der Ansicht, dass die Etablierung der DNS vor drei Milliarden Jahren abgeschlossen war (Brosius, 2005).

rungskopien war der Stoff, aus dem die Gene sind: Desoxyribonukleinsäure (DNS). DNS besteht, wie RNS, aus vier Bausteinen (Nukleotiden), wobei drei mit denen der RNS identisch sind. Obwohl sich die DNS hinsichtlich eines Bausteines von der RNS unterscheidet, blieb das bereits erwähnte Spiegelprinzip gewahrt, nicht nur zwischen RNS-Molekülen untereinander, sondern auch zwischen RNS und DNS sowie zwischen DNS-Molekülen untereinander. Somit konnte auch das fundamentale Informations- und Kommunikationsprinzip wirksam bleiben. Neu war: Informationen tragende Sequenzen, die in der »RNS-Welt« nur in RNS-Molekülen gespeichert waren, gab es fortan auch als permanent vorhandene DNS-Sicherungskopien. Sie wurden das, was wir bis heute als Gene bezeichnen. Mit den in ihrer DNS niedergelegten Informationen hatte jede Zelle nun – in Gestalt der Gene – eine »Urschrift« zur Verfügung, von der sie jederzeit Kopien ziehen und entsprechende Programme ausführen lassen konnte. Das »Ablesen« eines Gens bestand und besteht seither darin, dass die Zelle von einem Sequenzabschnitt der DNS (von einem Gen) eine Kopie aus RNS herstellt. Diese RNS-Kopie verlässt dann die »Bibliothek der Zelle« (das heißt den Bereich des Genoms im Zellkern) und übt im Zellkörper (im sogenannten Zellplasma) ihre Funktion aus.

Das Buch »Das egoistische Gen«, der Science-Fiction-Weltbestseller des britischen Zoologen Richard Dawkins[12],

12 Dawkins bezeichnete sein Buch im Vorwort zur ersten Auflage noch selbst als »Science Fiction« (Dawkins, 1976/2004). Weil seine Theorien sich perfekt ins darwinistische Weltbild einfügten, wurden sie bald als »Science« in die Lehrbuchliteratur übernommen und vom Autor in späteren Auflagen auch dann nicht korrigiert, als sich klare Hinweise häuften, dass sie falsch sind.

hat den irrigen, aber bis in die Fachwelt hinein weit verbreiteten Eindruck entstehen lassen, die DNS und die in ihr vorhandenen Gene seien die autonome Kommandozentrale von Zellen bzw. von Organismen. Lebewesen sind nach Dawkins von den Genen zum Zwecke der eigenen maximalen Reproduktion gebaute »Maschinen«.[13] Gene zu installieren und ihnen das Kommando zu überlassen wäre – zumal wenn es sich um »egoistische« Gene gehandelt hätte – für jede Zelle zu einem Desaster geworden. Tatsächlich unterliegt die DNS samt den in ihr angelegten Genen aber der uneingeschränkten Regie der Zelle. An der Ausübung dieser Regie sind sowohl Proteine als auch RNS-Moleküle beteiligt. Nur wenige Gene – nämlich solche, deren Produkte im Dienste von Basisfunktionen der Zelle stehen – sind permanent und mit fast immer gleicher Aktivität »in Betrieb« (sie werden als »housekeeping genes«, das heißt als Gene für den alltäglichen Bedarf, bezeichnet). Alle anderen Gene sind, wie bereits erwähnt, in ihrer Aktivität reguliert. *Zellen haben jedem Gen einen* »Genschalter« *vorgesetzt, der – wie das Gen selbst – zwar auch aus DNS besteht, aber ausschließlich dazu dient, Signale entgegenzunehmen, die ihm von der Zelle zugesandt werden.*[14] Diese Signale entscheiden darüber, ob – und wie stark – das dem

---

13 »Ein Affe ist eine Maschine, die für den Fortbestand von Genen auf Bäumen verantwortlich ist, ein Fisch ist eine Maschine, die Gene im Wasser fortbestehen lässt« (Dawkins, 1976/2004, S. 52). Nichts hat nach meiner Einschätzung die Biologie jemals in eine solche Schieflage gebracht wie dieses »Du bist nichts, dein Gen ist alles«-Credo der modernen Soziobiologie.

14 Genschalter werden in der Fachsprache als »Promoter« bezeichnet (vom englischen: »to promote«, also »etwas anstoßen«). Der tatsächlich abgelesene Teil des Gens (das »eigentliche« Gen) wird als kodierende Region bezeichnet.

Genschalter zugeordnete Gen aktiviert (das heißt abgelesen) oder ob es abgeschaltet wird.

Ein wunderschönes und sehr einfaches Beispiel für die Regulation von Genen durch die Zelle ist das in Bakterien vorhandene lacZ-Gen, dessen Produkt, das Enzym β-Galaktosidase, dem Zweck dient, für die Zelle ein Doppelzuckermolekül (Disaccharid) mit dem Namen Laktose in Glukose und Galaktose zu spalten. Sobald Laktose vorhanden ist, springt der Genschalter des lacZ-Gens unverzüglich an und aktiviert das ihm nachgeschaltete Gen: Das lacZ-Gen wird also durch die Anwesenheit des Substrats (Laktose) reguliert, mit dem sich dann das Genprodukt (das Enzym β-Galaktosidase) auseinandersetzen soll, ein ebenso einfacher wie genialer biologischer Schaltkreis, von der Evolution erfunden vor Hunderten von Millionen Jahren, entdeckt vor etwa fünf Jahrzehnten von zwei Pionieren der Genforschung.[15]

Bei höheren Lebewesen ist die Genregulation ein weit komplexerer Prozess. Gene des Immunsystems und des Gehirns, an denen ich selbst viele Jahre geforscht habe, verfügen fast immer über mehrere Genschalter, so dass mehrere Signale einen Einfluss darauf haben, ob – und wie stark – zum Beispiel ein Immunbotenstoff-Gen an- und abgeschaltet wird. Zellen, aus denen mehrzellige Organismen aufgebaut sind[16], regulieren ihre Gene zum einen über spezialisierte Signalproteine (sogenannte Transkriptionsfaktoren), zum anderen über RNS-Moleküle mittels der

15 Jacob und Monod (1961).

16 Eukaryontische Zellen (dazu an späterer Stelle mehr).

schon erwähnten RNS-Interferenz. Angesichts der – auch in der Ära der Gene – weiter bestehenden Kontrolle des biologischen Geschehens durch RNS haben einige Autoren nicht ganz zu Unrecht darauf hingewiesen, dass wir uns, genau betrachtet, auch heute noch in einer »RNS-Welt« befinden.[17]

Zum Grundwissen über die Gene gehören zwei weitere bedeutsame Gesichtspunkte, denen wir uns noch zuwenden sollten: Desoxyribonukleinsäure (DNS) ist zwar der Stoff, aus dem Gene gemacht sind, deren Aktivierung zur Herstellung eines Proteins führt. Wo Gene sind, muss DNS sein. Aber nicht überall, wo DNS ist, befinden sich auch Gene.[18] In weiten Bereichen unseres aus DNS bestehenden Erbgutes sind *keine* Gene im herkömmlichen Sinne zu finden. Die komplette Analyse des Genoms des Menschen und vieler weiterer Spezies hat unter anderem zu der verblüffenden Erkenntnis geführt, dass – dies gilt für alle komplexeren bzw. »höheren« Lebewesen – nur ein sehr kleiner Teil der DNS aus Genen besteht, das heißt aus kodierenden Sequenzen (»coding sequences«), die der potenziellen Herstellung eines Proteins dienen können. Im menschlichen Genom beispielsweise nehmen so definierte »Gene im eigentlichen Sinne« – trotz ihres beeindruckenden Bestandes von insgesamt knapp 24 000 – nur 1,2 Prozent (!) des Erbgutes ein. Der Rest des Genoms war zunächst unbekanntes Land. Doch inzwischen stellte sich heraus: Über 40 Prozent des menschlichen Ge-

17 Brosius (2002, 2005).

18 Zugrunde gelegt wurde von mir dabei die herkömmliche Definition, wonach ein Gen ein Sequenzabschnitt von DNS ist, der zur Herstellung eines Proteins führen kann.

noms bestehen aus den bereits erwähnten Transpositionselementen, jenen kreativen Modulen, mit denen Genome sich selbst unter bestimmten Bedingungen »umbauen« können.[19]

Ein weiterer Teil der DNS, nämlich jener, der weder aus »eigentlichen Genen« noch aus Transpositionselementen besteht, bildet besondere Gene, mit denen die Zelle ihren Bedarf an unterschiedlichen Typen von RNS deckt.[20] Wie bereits erwähnt, üben RNS-Moleküle in der Zelle sehr verschiedene Funktionen aus. Eine kleine Untergruppe der RNS, die sogenannte Boten-RNS (»Messenger RNA«, mRNA)[21], ist eine Kopie von »eigentlichen Genen« und dient als Bauplan für die Herstellung eines Proteins. Die Zelle kopiert sich aus ihrem DNS-Bestand jedoch noch weitere, sehr bedeutsame RNS-Typen: Bestimmte RNS-Moleküle bilden in der Zelle kleine »Werkstätten« (Ribosomen), in denen die eintreffende Boten-RNS »gelesen« und das entsprechende Protein konkret synthetisiert wird (diese »Werkstatt-RNS« wird als ribosomale RNS oder rRNA bezeichnet). Ein weiterer RNS-Typ dient dazu, die laut Bauplan erforderlichen Einzelbausteine (Aminosäuren) von Proteinen in den »Werkstätten« (Ribosomen) anzuliefern (diese RNS wird als »Transfer-RNS« oder tRNA bezeichnet). Also: Nicht nur zum Bau von Proteinen, son-

---

19 Nicht alle Transpositionselemente im menschlichen Genom sind noch aktiv, viele haben ihre »aktive Zeit« schon hinter sich oder waren niemals aktiv, da sie in einer frühen Phase ihres Entstehens von der Zelle inaktiviert wurden (im letzteren Falle waren sie, wie es amerikanische Forscher ausdrückten, »dead on arrival«, also bereits beim Eintreffen tot).

20 Cao et al. (2006).

21 RNA ist die englische Bezeichnung für RNS (das A von »Acid« steht für das S von »Säure«).

dern auch um die verschiedenen Arten von RNS herstellen zu lassen, braucht die Zelle Gene (sogenannte RNS-Gene), welche die entsprechenden Baupläne kodiert haben und zum Zwecke der Herstellung einer RNS abgelesen werden können.

Doch von der – aus dem Blickwinkel derzeitiger Biowissenschaft – vielleicht interessantesten RNS war noch nicht die Rede. Zu den aufregendsten Entdeckungen der letzten zehn Jahre gehört ein RNS-Typ, bei dessen Erforschung der aus Deutschland stammende Genetiker Thomas Tuschl eine entscheidende Rolle spielte.[22] Zellen benutzen ihre DNS nicht nur zur Herstellung der genannten RNS-Typen, die letztlich alle im Dienste der Proteinsynthese stehen, sondern lassen sich zudem – via Kopie entsprechender DNS-Abschnitte – eine weitere RNS-Variante erzeugen, der eine umfangreiche Wächter- und Kontrollfunktion zukommt. Die Fähigkeiten dieser RNS haben die gesamte Fachwelt verblüfft. Bei der sogenannten *Mikro-RNS* (englisch: *microRNA*) handelt es sich um eine relativ kurze RNS (daher der Name). Quantitativ und – vor allem – qualitativ scheint die Mikro-RNS im Konzert des Zellgeschehens jedoch eine Art »Erste Geige« zu spielen: Sie hält viele genetische Aktivitäten, zu denen die Zelle und ihr Genom *potenziell* fähig wären, in Reserve, indem sie diese unterdrückt.[23] Sie übt diese Funktion jedoch nicht allein aus,

---

22 Tuschl et al. (1999), Elbashir et al. (2001a und b), beide Publikationen von Elbashir beschreiben Arbeiten aus Tom Tuschls Labor. Siehe auch Fire (2006) und Mello (2006).

23 Diese unterdrückende Funktion kann die Mikro-RNS einerseits ausüben, indem sie Gene stilllegt, andererseits aber auch dadurch, dass sie andere RNS (zum Beispiel Boten-RNS), die von Genen abgeschrieben wurde, inaktiviert. Dies erreicht sie entweder durch vorübergehende Ausbremsung oder durch ir-

sondern im Zusammenspiel mit einigen zelleigenen, hoch spezialisierten Proteinen.[24]

Zu den vielen wichtigen Funktionen der Mikro-RNS gehört es, beispielsweise während der Embryonalentwicklung dafür zu sorgen, dass Gene, deren Produkte der Körperentwicklung dienen, zum richtigen Zeitpunkt wieder abgeschaltet werden. Die Mikro-RNS kann allerdings die von ihr unterdrückten Aktivitäten – wenn bestimmte Reize von außen eintreffen – auch wieder »freigeben«. Sie tut dies zum Beispiel in Nervenzellen des Gehirns, wenn ein Lebewesen einen Lernprozess durchläuft: Dort, wo Nervenzellen aktiviert werden, gibt Mikro-RNS die (von ihr zuvor blockierte) Bildung von Molekülen frei[25], die der Verstärkung von Synapsen[26] dienen. Auch im Hinblick auf die Evolution ist die Mikro-RNS von Belang: Neueste Beobachtungen deuten, wie bereits erwähnt, darauf hin, dass Mikro-RNS eine wichtige Rolle bei der Stillhaltung der

---

reversible Zerstörung der betreffenden RNS. Alle Aktivitäten der Mikro-RNS bedürfen der Kooperation mit spezialisierten Zellproteinen (Morris et al., 2004; Fire, 2006; Mello, 2006; Girard et al., 2006; Kim, 2006; Chang und Mendell, 2007; Heimberg et al., 2008).

24 Mikro-RNS-Moleküle interagieren, nachdem sie von ihren jeweiligen Genen kopiert wurden, zunächst mit zwei Proteinen namens »Drosha« und »Dicer«, welche die Mikro-RNS zurechtschneiden (das Wort »dicer« bezeichnet im Englischen ein Gerät, mit dem man Gemüse in kleine Würfelstücke zerhacken kann). Anschließend verbindet sich die (geschnittene) Mikro-RNS mit einer Gruppe von Proteinen, die »Argonauten« genannt werden, was dann schließlich zur Bildung eines »RITS-Komplexes« oder eines »RISC-Komplexes« führt (RITS: »RNA-induced transcriptional silencing«, deutsch: durch RNS veranlasste Stilllegung von Genen; RISC: »RNA-induced silencing complex«: durch RNS veranlasste Inaktivierung, gemeint ist: Inaktivierung von RNS).

25 Schratt et al. (2006), Fiore und Schratt (2007), Fiore et al. (2008).

26 Synapsen sind Kontakt- und Schaltstellen zwischen Nervenzellen. Anzahl, Größe und Funktionstüchtigkeit von Synapsen innerhalb des Gehirns entscheiden über die Intelligenz eines Lebewesens.

Transpositionselemente (TEs) des Genoms spielt, also jener Teile der DNS, die im Prinzip in der Lage wären, einen Umbau des eigenen Genoms in Gang zu setzen. Sollte die Mikro-RNS, zusammen mit den mit ihr kooperierenden Proteinen, das »Sensorium« des Genoms gegenüber Stressoren sein, die evolutionäre Entwicklungsschübe veranlassen können?[27]

Zusammengefasst sei Folgendes festgehalten: Am Anfang des Lebens auf der Erde standen keine Gene, sondern RNS-Moleküle und Proteine. Gene im heutigen Sinne entstanden erst in einer zweiten Phase der Evolution. Sie sind nicht autonom, sondern stehen unter dem Kommando der Zelle. Nur ein winziger Teil (beim Menschen 1,2 Prozent) des aus DNS bestehenden Erbgutes wird von Genen im engeren Sinne des Wortes gebildet, das heißt von Sequenzen, die den Bauplan für ein Protein gespeichert haben (wenn ein Protein synthetisiert wird, stellt das jeweilige Gen eine RNS-Kopie, eine sogenannte Boten-RNS her). Der übrige, weitaus größte Teil des Erbgutes dient anderen Zwecken: 1. Das Genom beherbergt aus DNS zusammengesetzte genetische Werkzeuge – Transpositionselemente (»transposable elements« bzw. TEs) –, mit denen die Zelle die Architektur ihres eigenen Genoms verändern kann (diese Elemente machen über 40 Prozent des menschlichen Erbgutes aus). 2. Bestimmte im Genom enthaltene Sequenzen dienen der Erzeugung verschiedener Formen von RNS, die der Boten-RNS bei der Herstellung von Proteinen helfen. 3. Das Genom enthält DNS, mit deren Hilfe die Zelle so-

27 Siehe unter anderem Horman et al. (2006), Bhattacharyya et al. (2006).

genannte Mikro-RNS synthetisiert. Mikro-RNS-Moleküle fungieren in der Zelle als Werkzeuge zur Kontrolle des genetischen Apparates, insbesondere zur zeitweiligen oder längerfristigen Stilllegung von Genen.

4 Voraussetzung biologischer Körper: Die »moderne« Zelle

Eine biologische Theorie mit Universalanspruch wie der Darwinismus – einschließlich seiner modernen Variante, der »Synthetischen Theorie«[1] – sollte in der Lage sein, Prozesse zu erklären, die geradezu das Herzstück der Evolution darstellen: also zum Beispiel den Übergang von der RNS- zur DNS-Welt, die Entstehung von Zellen, die Entwicklung von einzelligen (»protozoischen«) zu mehrzelligen (»eumetazoischen«) Lebewesen, vor allem aber die Entfaltung dessen, was in der Fachliteratur als »body plans« bezeichnet wird, also der biologischen Grundbaupläne höherer Lebewesen. Bei diesen grundlegenden Prozessen zeigen sich die Unzulänglichkeiten der darwinistischen Dogmen. Zufällige Variation (des biologischen Substrats) und Selektion (auf der Basis optimaler Reproduktionsfähigkeit) sind nicht einmal ansatzweise hinreichende Voraussetzungen für eine Erklärung der Kooperationsphänomene und der Zuwächse an Komplexität, welche die bisherigen dreieinhalb Milliarden Jahre der Evolution kennzeichnen. Die-

1 Kutschera und Niklas (2004).

sen Standpunkt vertreten heute zahlreiche Forscher. Sie sind derzeit zwar noch eine Minderheit, aber keineswegs Außenseiter. Das darwinistische Konzept abzulehnen bedeutet jedoch nicht, nun theologische Erklärungsmodelle zu bemühen.[2] Wir sollten aber beginnen, unser Denken über das, was »Leben« und was »Biologie« ist, an die beobachtbaren Realitäten anzupassen, und uns von den Scheuklappen des Darwinismus befreien.

Wie also war der Weg der Evolution von den Einzellern zu Lebewesen, die vor etwa fünfhundert Millionen Jahren auftraten und jenen »body plan« hatten, nach dem fast alle Spezies des Tierreiches »gebaut« sind? Von den ersten Anfängen des Lebens dauerte es einige weitere Hundert Millionen Jahre, bis sich – vor etwa drei Milliarden Jahren – zwei Gruppen von ersten stabilen Ur-Einzellerlebewesen entwickelt hatten[3]: Neben den sogenannten *Archäa-Zellen* hatte sich die Gruppe der *Bakterien* etabliert.[4] Genetisches Material blieb auch nach der Entstehung von Einzellerlebewesen auf Wanderschaft: DNS-Moleküle konnten wie Nomaden Zellen verlassen und in andere einwandern. Vererbung, also die Weitergabe genetischer Information, fand

---

2 Wer sich naturwissenschaftlichen Prinzipien verpflichtet fühlt, muss weder notwendigerweise atheistisch noch notwendigerweise religiös sein. Naturwissenschaftliches Arbeiten bedeutet, für beobachtbare Phänomene rationale Erklärungen zu finden und sie so weit wie möglich durch jederzeit wiederholbare Experimente zu stützen. Diese Modelle müssen für jeden anderen, unabhängig von weltanschaulichen Überzeugungen, nachvollziehbar sein.

3 Woese (1977, 2002), Battistuzzi et al. (2004).

4 Berechnungen auf der Grundlage genetischer Stammbäume ergeben für das erste Auftreten von Bakterien einen Zeitraum vor etwa drei Milliarden Jahren, erste fossile Bakterienfunde in uralten Gesteinsablagerungen datieren etwas später und gehen auf eine Zeit von 2,7 bis 2,6 Milliarden Jahren zurück. Zur frühen Evolution siehe Battistuzzi et al. (2004), Brocks et al. (1999), Kump und Barley (2007) sowie Kump (2008).

in der frühen Phase der Evolution somit nicht nur »vertikal« (in Richtung Nachkommen), sondern in großem Umfang auch »zur Seite hin«, das heißt horizontal, statt, ein als horizontaler Gentransfer (HGT) bezeichneter Prozess.[5] Obwohl der Austausch von Genen *zwischen verschiedenen Genomen* in der weiteren Evolution deutlich zurückging, ist er bis heute von Bedeutung geblieben. So beruhte die Entwicklung unserer Gene des Immunsystems unter anderem darauf, dass Säugetiere (den späteren Menschen eingeschlossen) Gene von Viren in ihr eigenes Genom übernahmen.[6] Eine der vielen Erkenntnisse aus der vollständigen Analyse des menschlichen Genoms war, dass es im Laufe seiner Entwicklung mehr als 220 Gene durch horizontalen Gentransfer von verschiedenen Mikroorganismen bezog (darunter von Tuberkelbazillen, Bakterien, Viren und Borrelien).[7]

Kaum entstanden und durch zwei stabile Einzellerspezies (Archäa-Zellen und Bakterien) halbwegs etabliert, machte das Leben erste Bekanntschaft mit einem der zahlreichen geophysikalischen Megaereignisse, welche die Geschichte unseres Planeten begleiten sollten: Etwa zweieinhalb Milliarden Jahre vor unserer Zeit (vielleicht auch etwas später) kam es zu einer ersten globalen Erdver-

---

5 Jürgen Brosius bezeichnete den horizontalen Gentransfer als eine »primordial form of sex«, also als eine »frühe Form von Sexualität« (Brosius, 2002).

6 Die Entwicklungsgeschichte von Viren einerseits und des Immunsystems der Säugetiere andererseits wurde daher als »Pingpong-Evolution« beschrieben. Siehe dazu einen sehr lesenswerten Übersichtsartikel von Hans-Helmut Niller (Niller et al., 2004) sowie Brosius (1999).

7 International Human Genome Sequencing Consortium (2001).

eisung (sie erhielt den Namen »Makganyene«).[8] Möglicherweise wurde unser Planet dabei vorübergehend zu einer Art gigantischem Schneeball (»Snowball Earth«).[9] Sowohl die Gründe für die Vereisung als auch die Frage, warum die Erde sich wieder erwärmen konnte, sind nicht sicher geklärt.[10] Nach dieser Vereisungsphase, die Archäa-Zellen und Bakterien unter der Eisdecke des Meeres überlebt hatten, folgte eine Art Evolutionsschub (eine solche Sequenz von globaler Vereisung und Erholung sollte sich rund 1,8 Milliarden Jahre später wiederholen, begleitet von einem noch viel stärkeren, ja geradezu explosionsartigen evolutionären Schub – dazu später mehr). Die Besiedlung des Ozeans mit Archäa-Zellen und Bakterien nahm nach dem Ende der ersten globalen Vereisung gewaltig zu.

Hatten geologische Faktoren bisher einseitig auf die Bedingungen des Lebens eingewirkt, so gab es jetzt erstmals

---

8 Globale Vereisungsphasen lassen sich aufgrund spezifischer chemischer Verbindungen (sogenannter Capcarbonate) bestimmen, die sie in Sedimenten zurücklassen. Zum Thema Erdvereisungen siehe Hoffman et al. (1998), Knoll und Carrol (1999), Anbar und Knoll (2002), Peterson und Butterfield (2005), Kump und Barley (2007) sowie Kump (2008).

9 Eine »Snowball Earth« gehört zu den Szenarien nach einem etwaigen globalen Nuklearkrieg. In der Erdgeschichte kam es zweimal, vermutlich sogar viermal zu globalen Vereisungen.

10 Ist die Erde erst einmal global vereist, könnte sie, theoretisch gesehen, das Opfer von Einwirkungen werden, welche die Vereisung mehr und mehr verstärken. Der Grund dafür liegt im sogenannten Albedo-Effekt, bei dem es darum geht, wie gut Oberflächen die Sonneneinstrahlung aufnehmen (mit der Folge einer Materialerwärmung) oder zurückweisen (was die Abkühlung stabilisieren würde). Schnee reflektiert die Einstrahlung der Sonne sehr stark (Albedo-Effekt 1,09), Eis bereits deutlich weniger (0,43), am leichtesten erwärmen lassen sich Erde (0,3) und Wasser (0,1). Sicher nicht falsch ist die Annahme, dass sowohl die Vereisung als auch ihr anschließendes Verschwinden mit Einflüssen zu tun hatten, die – direkt oder indirekt – mit zurückgegangenem bzw. wiederauflebendem Vulkanismus der Erde zusammenhängen.

Effekte in entgegengesetzter Richtung[11]: Lange bevor Pflanzen den atmosphärischen Sauerstoff auf das heutige Niveau anhoben, hatten vor über zwei Milliarden Jahren Bakterien begonnen, erste Spuren dieses Elements über das sie umgebende Urmeer in die Atmosphäre abzugeben. Der Grund: Verschiedene Bakterienspezies waren durch Ausweitung ihres Genpools in die Lage gekommen, sich mittels Photosynthese-Enzymen die Energie des Sonnenlichts für die eigene Energiegewinnung nutzbar zu machen und, sozusagen nebenbei, Sauerstoff zu produzieren.[12] Während das von einigen Archäa-Arten erzeugte Methan zu einem leichten Anstieg dieses Gases in der Atmosphäre führte, setzten zur Photosynthese fähige Bakterien, an erster Stelle die sogenannten Cyanobakterien, im Laufe von Jahrmillionen gewaltige Sauerstoffmengen frei. Dieses »Great Oxidation Event«, das sich im Zeitraum zwischen zweieinhalb und zwei Milliarden Jahren vor unserer Zeit abspielte, hatte eine Erhöhung des Sauerstoffanteils in der Atmosphäre von null auf immerhin mehrere Prozent zur Folge.[13] Gut mit der Zunahme des Sauerstoffs leben, konnten verschiedene »respiratorische« Bakterienstämme, die im Rahmen ihres Stoffwechsels Sauerstoff *verbrauchten* (anstatt ihn

---

11 Battistuzzi et al. (2004).

12 Zellen, die zur Photosynthese fähig sind, verwenden Wasser und Kohlendioxid zur Herstellung von Kohlenhydraten, aus denen sie dann Energie beziehen. Als »Nebenwirkung« kommt es zur Freisetzung von Sauerstoff.

13 Die Sauerstoffkonzentration der Atmosphäre blieb zunächst im unteren einstelligen Bereich und erreichte bis zu einem Zeitpunkt um 700 Millionen Jahre vor unserer Zeit höchstens etwa vier Prozent (Canfield und Teske, 1996). Um zu unserer heutigen O_2-Konzentration von 21 Prozent zu kommen, bedurfte es der Besiedlung des Landes mit Pflanzen und Wäldern, die erst ab einem Zeitpunkt von etwa 435 Millionen Jahren (Pflanzen) bzw. 410 Millionen Jahren (Wälder) einsetzte.

herzustellen). Für Archäa-Zellen dagegen, die Sauerstoff weder zu erzeugen noch zu nutzen vermochten, wurde die neue Situation zu einem »Problem«.

Für lebende Systeme ist jede neu auftretende Veränderung des ökologischen Milieus ein Stressor. Plötzlich Sauerstoff ausgesetzt zu sein, einem potenziell aggressiven, oxidierenden Element[14], war für Archäa-Zellen alles andere als »gut«. Doch hatte die Evolution, anstatt der Darwin'schen Theorie zu folgen und Archäa – via Selektion – untergehen zu lassen oder in letzte verfügbare sauerstoffarme Nischen abzudrängen, noch eine interessante Lösung parat, welche die Grundvoraussetzung für die Entwicklung aller weiteren Lebensformen war: Archäa-Zellen nahmen Bakterien in sich auf und ließen sie zu einem Teil ihres eigenen Zellorganismus werden. Dieser Vorgang, *Endosymbiose* genannt, ließ einen neuen Zelltyp entstehen, aus dem später die Körper sämtlicher Pflanzen und Tiere bis hin zu jenem des Menschen bestehen sollten.[15] Die Endosymbiose war die Geburtsstunde der sogenannten *eukaryontischen Zelle*. Der einzige »Nachteil« dieses spektakulären Ereignisses ist: Es passt in keiner Weise zu den Dogmen des Darwinismus, weshalb es in den Texten darwinistischer

---

14 Am Rande sei hier bemerkt, dass Oxidationsvorgänge in allen Organismen, den Menschen eingeschlossen, der Hauptgrund für den Alterungsprozess sind. Auf dieser Logik beruhen Strategien, den Alterungsprozess mit »antioxidativen« Substanzen wie zum Beispiel Vitamin C aufzuhalten.

15 Margulis (1970, 1993), Kowallik (1999). Außer den hier erwähnten endosymbiotischen Vorgängen, welche die Bildung von Mitochondrien (bei Tierzellen) und Chloroplasten (bei Pflanzenzellen) zur Folge hatten, werden weitere evolutionär bedeutsame Fälle von Endosymbiose diskutiert. So liegen Hinweise darauf vor, dass die eukaryontische Zelle die Entstehung ihres Zellkerns einer endosymbiotischen Vereinigung mit einem Bakterium oder mit viraler DNS verdankt (Margulis, 2000; Bell, 2008). Ich gehe darauf hier aber nicht näher ein, da es sich um Spezialfragen ohne weitere grundsätzliche Bedeutung handelt.

Autoren entweder nicht erwähnt oder zur Ausnahme erklärt wird.[16] Die Endosymbiose fügt sich – wie vieles, was in der Evolution noch folgen sollte – weder ins Darwin'sche Dogma der langsam-kontinuierlichen Entwicklung, noch lässt sie sich zum Produkt eines Zufallsgeschehens erklären. Vielmehr war sie offenbar ein im biologischen System als Möglichkeit angelegter, dem biologischen Grundprinzip der Kooperativität folgender Schritt.

Eukaryontische Zellen bildeten den neuen, »modernen« Zelltypus der Evolution. Sie sind seit einem Zeitpunkt vor 2,1 Milliarden Jahren in Sedimenten nachgewiesen[17] und wurden zum Ausgangspunkt der weiteren Entwicklung des Lebens. Eukaryonten gab es in zwei grundlegenden Varianten. Archäa-Zellen, die sich mit *respiratorischen* (Sauerstoff verbrauchenden) Bakterien vereinigt hatten, waren auf die Existenz von Sauerstoff angewiesen. Sie wurden später zur Basis für die Entwicklung der *Tierwelt* (inklusive Mensch). In eukaryontischen Zellen des Tierreichs wurden aus den bakteriellen »Immigranten« die Mitochondrien, die als Organellen (innere Zellkörperchen) das Energiekraftwerk einer jeden Zelle unseres Körpers sind. Eukaryonten dagegen, die sich im Rahmen der Endosymbiose mit *photosynthetischen* (Sauerstoff produzierenden) Bakterien eingelassen hatten (unter ihnen die Cyanobakterien), wurden zur Basis für die spätere Entwicklung der *Pflanzenwelt*. Hier wurden die einstigen »Immigranten« zu Organellen, die

---

16 Kutschera und Niklas (2004), S. 266: »… exceptions exist. One example is the origin of eukaryotic cells from prokaryotic ancestors by means of endosymbiosis.« (… Ausnahmen bestehen. Ein Beispiel ist die Entstehung eukaryontischer Zellen aus Vorgängerzellen durch Endosymbiose.)

17 Anbar und Knoll (2002).

als Chloroplasten bezeichnet werden und die Photosynthese samt Sauerstoffproduktion leisten.[18] Die Endosymbiose war nicht nur ein *per se* kooperatives Phänomen. Indem sie zwei eukaryontische Grundtypen entstehen ließ, erzeugte sie eine neue kooperative Konstellation zwischen der Sauerstoff produzierenden Pflanzenwelt und dem Sauerstoff verbrauchenden Tierreich. *Die Evolution ist keine Entwicklung von Einzelkämpfern (weder einzelkämpferischer Individuen noch einzelkämpferischer Spezies), sie ist eine Entwicklung von biologischen Systemen.*

---

18 Im Falle der Pflanzenzellen gab es mehrere endosymbiotische Entwicklungsschritte: Auf eine »primäre Endosymbiose« folgten zu einem späteren Zeitpunkt weitere, sogenannte sekundäre Endosymbiosen, bei denen Pflanzenzellen, die bereits eukaryontisch waren, auf endosymbiotischem Wege weitere Bakterien aufnahmen und zu Organellen (zu sogenannten Plastiden) werden ließen (Kowallik, 1999). Zwischen den neuen »Dauerbewohnern« bakterieller Herkunft und den Genen der aufnehmenden Archäa-Zellen kam es – sowohl in den (späteren) Pflanzen- als auch in (späteren) Tierzellen – zu einem internen horizontalen Gentransfer (Kowallik, 1999).

5 »Kambrische Explosion«: Die Entwicklung von Bauplänen für Körper

Vom Zeitpunkt des Nachweises erster »moderner« Zellen (der einzelligen Eukaryonten) vor etwa 2,1 Milliarden Jahren bis zum Auftreten erster mehrzelliger Lebewesen vor etwa 600 Millionen Jahren[1] vergingen mehr als eine Milliarde Jahre. In dieser Zeit – man spricht von der Ära des Proterozoikums – kam es zu einer gewaltigen Vermehrung von Eukaryonten im Weltmeer.[2] Soweit sie photosynthetisch aktiv waren, verursachten sie – zusammen mit den weiterhin vorhandenen photosynthetischen Bakterien – eine zunehmende Sauerstoffanreicherung des Ozeans, zunächst vorwiegend in den oberen, später zunehmend auch in seinen tieferen Schichten.[3]

---

1 Manche Autoren vermuten einen etwas früheren Zeitpunkt des ersten Auftretens von Mehrzellern.

2 Anbar und Knoll (2002), Knoll und Carroll (1999), Peterson und Butterfield (2005).

3 Fike et al. (2006), Scott et al. (2008).

Innerhalb der Eukaryonten entstand eine Vielfalt unterschiedlicher Spezies. Amöben, Algenzellen und einzellige Geißeltierchen bevölkerten zunehmend das Meer.[4] Die Entstehung dieses Variantenreichtums beruhte nicht primär auf zufälligen Mutationen (entsprechend, wie bekannt, einem zentralen Dogma des Darwinismus), sondern vor allem auf dem sich fortsetzenden Prozess des horizontalen Gentransfers sowie auf zahlreichen Kombinationen, die im Rahmen der Endosymbiose entstanden waren. Eine weitere sehr wichtige Rolle für die Variation spielte überdies ein kreativer Vorgang, dem ich mich an späterer Stelle noch zuwenden werde: das Phänomen der Genduplikation, das heißt von der Zelle veranlasste Selbstverdoppelungen von genetischem Material.[5]

Bevor die Evolution das Auftreten mehrzelliger Lebewesen erlebte, kam es zu einer erneuten Klimakatastrophe. Dem Zeitalter des Proterozoikums setzte eine weitere, diesmal besonders schwere und langanhaltende globale Erdvereisung ein Ende, wodurch alles Leben im Ozean (nur dort gab es Leben) wiederum zu einer Überwinterung unter einer dicken Eisdecke gezwungen war. Die »Marinoan Glaciation«, vermutlich die schwerste aller Erdvereisungen, dauerte von etwa 650 bis etwa 635 Millionen Jahre vor unserer Zeit, und sie hatte mit der »Sturtion Glaciation« (um

---

4 Anbar und Knoll (2002).

5 Schubweise Genduplikationen, wie sie vor allem auch die spätere Evolution noch massiv kennzeichnen sollten, wurden bereits für das Proterozoikum nachgewiesen (Ding et al., 2006): Ein deutlicher, lange andauernder Anstieg von Genduplikationen zeigte sich ab 1,3 Milliarden Jahren vor unserer Zeit, einen ersten schubartigen Duplikationsgipfel gab es vor 750 Millionen Jahren. Weitere Gipfel folgten und waren jeweils mit wichtigen Evolutionsschritten korreliert (dazu an späterer Stelle mehr).

700 Millionen) und der »Gaskiers Glaciation« (um 580 Millionen) zudem noch einen abgeschwächten Vor- und Nachläufer.[6]

Die Nobelpreisträgerin Barbara McClintock war überzeugt, dass es schwere, aus der Umwelt auf Biosysteme einwirkende »Schocks« seien, welche das Genom zu einer Selbstmodifikation veranlassen.[7] Auffallend ist in der Tat, dass sowohl die frühere, rund zweieinhalb Milliarden Jahre zurückliegende »Makganyene Glaciation« als auch die »Marinoan Glaciation« nach ihrem Abklingen jeweils einen gewaltigen evolutionären Schub zur Folge hatten. Die im vorangegangenen Kapitel erwähnte Makganyene-Vereisung[8] zog den spektakulären Entwicklungsschritt der Endosymbiose nach sich, der zur Entstehung eukaryontischer Zellen führte.[9] Auch der »Marinoan Glaciation« sollte – in zwei Teilschritten – ein gewaltiger Evolutionsschub folgen: Zum ersten Teilschritt, der Entstehung erster mehrzelliger Lebewesen (»Eumetazoa«), kam es vor rund 600 Millionen Jahren, also unmittelbar nach der Marinoan-Vereisungsphase.[10] Der zweite Teilschritt, das Auftauchen

---

6 Hoffman et al. (1998), Knoll und Carroll (1999), Anbar und Knoll (2002), Peterson und Butterfield (2005).

7 McClintock (1983).

8 Sie wird von einigen Autoren auch auf 2,2 Milliarden Jahre vor unserer Zeit datiert (Hoffman et al., 1998).

9 Erste fossile Funde dieser »modernen« Zellen datieren, wie schon erwähnt, auf eine Zeit vor 2,1 Milliarden Jahren (Anbar und Knoll, 2002). Dabei ist zu berücksichtigen, dass früheste fossile Befunde nicht mit dem Zeitpunkt übereinstimmen, zu dem ein biologisches Phänomen tatsächlich erstmals auftrat, sondern »hinterherhinken«.

10 Früheste fossile Funde von mehrzelligen Lebewesen in Sedimenten sind rund 590 Millionen Jahre alt (Canfield und Teske, 1996, sowie Peterson und Butterfield, 2005). Ein errechneter Zeitpunkt von 634 Millionen Jahren resultiert aus einer »Molecular Clock«-Analyse, das heißt aus einer Retropolation (Rückbe-

erster Lebewesen mit rechts-links-symmetrischem Körperbau und Körperlängsachse (Bilateralia), ereignete sich vor etwa 570 Millionen Jahren, unmittelbar nach der Gaskiers-Vereisung (die, wie schon erwähnt, eine Art »Nachwehe« der Marinoan-Vereisung war).[11] Ein Zusammenhang zwischen Umweltstressor (Vereisung) und einem nachfolgenden Entwicklungsschub wird von vielen Forschern bejaht[12], ist aber nicht bewiesen. Das erstmalige Auftauchen von Lebewesen mit Links-rechts-Symmetrie und Körperlängsachse war der Beginn einer vierzig Millionen Jahre dauernden intensiven Evolutionsphase, einer Art biologischen »Urknalls«, an dessen Ende, 530 Millionen Jahre vor unserer Zeit, die grundlegenden Baupläne für die Körper aller Spezies – den späteren Menschen eingeschlossen – entstanden waren, die wir heute kennen. Dieser »Urknall« hat einen Namen: »kambrische Explosion«.[13]

Der Übergang von einzelligen zu mehrzelligen Lebewesen ist ein gewaltiger evolutionärer Schritt. Zu klären, wie und warum er sich ereignet hat, gehört zu den Kernfragen der Biologie. Das darwinistische Universaldogma, bei jedem

---

rechnung) auf der Basis genetischer Stammbäume und der an sehr alten RNS- oder DNS-Sequenzen im Verlauf der Zeit aufgetretenen Veränderungen (nochmals Peterson und Butterfield, 2005).

11 *Nach* dem Zeitpunkt des erstmaligen Auftauchens amorpher Vielzeller (Eumetazoa) und *vor* dem ersten Auftreten von Lebewesen mit rechts-links-symmetrischem Körperbau (Bilateralia) liegt der Zeitpunkt der Entstehung von radialsymmetrischen Vielzellern (Cnidaria). Die älteste radialsymmetrische Impression in einem Stein stammt aus einer Zeit vor 610 Millionen Jahren (Knoll und Carroll, 1999).

12 Peterson und Butterfield (2005) sprechen von einem »ecological-evolutionary feedback«.

13 Siehe unter anderem: Morris, S. C. (2000).

noch so erstaunlichen biologischen Phänomen handle es sich um die Folge einer zufälligen Variation, die dann evolutionär selektiert worden sei, bietet keine rationale Erklärung. Der Glaube an den Zufall, den die Darwinisten hegen, ist im Grunde die Umkehr der theologischen Einheitsbegründung des Mittelalters, als das Erblühen jeder Blume, jeder Fliegenstich und jede Krankheit mit dem Willen Gottes erklärt wurde. Anstatt eines Gottes waltet und gestaltet nun der Zufall als Säulenheiliger der Gemeinde, die sich dem Darwinismus verschrieben hat. Beide Dogmen bestechen durch ihre Schlichtheit. Ein Selektionsdruck in Richtung Vielzelligkeit ist jedenfalls ebenso wenig zu erkennen wie ein Fortpflanzungsvorteil. Und anstatt das darwinistische Zufallsprinzip zu bemühen, sollten wir versuchen zu verstehen, wie sich die – offenbar regelhaft in Richtung Komplexitätszuwachs und Kooperativität laufenden – genetischen Prozesse abspielten, welche die Bildung von mehrzelligen Körpern ermöglichten.

Mehrzellige Lebewesen benötigen, worauf einzellige verzichten können: einen Körperbauplan. Was sind »body plans«, und was liegt ihnen genetisch zugrunde? Vielzelligkeit erforderte ein *koordiniertes genetisches Programm*, das zum einen Teilungsvorgänge steuert, zum anderen für die orts- und zeitgerechte Synthese von Proteinen sorgt, die Zellen aneinanderbinden.[14] Damit wären bereits die wesentlichen Voraussetzungen erfüllt, vorausgesetzt es handelt sich um einen amorphen (gestaltlosen) Vielzeller, der sich (zum Beispiel auf einer Oberfläche) überallhin

---

14 Solche Proteine müssen – nach ihrer Synthese in der Zelle – zur Zellmembran transportiert und dort als sogenannte Zellmembran- bzw. Zelladhäsionsproteine verankert werden.

ausbreiten kann. Organismen mit einem definierten Körperbau benötigen allerdings zusätzlich einen inneren Bauplan, der *nach einem zeitlich und räumlich geordneten Verfahren* für eine Spezialisierung unterschiedlicher Zellen an unterschiedlichen Orten des Körpers sorgt[15] und zugleich Wachstumsprozesse begrenzt, sobald die jeweilige Zielgröße eines Gewebes erreicht ist. Die Natur hat diese an Komplexität kaum zu überbietenden Aufgaben auf geniale Weise gelöst. Zu den Pionieren im Bereich der biologischen »Körperbauplanforschung« zählen Edward Lewis, Eric Wieschaus und die in Tübingen forschende Christiane Nüsslein-Volhard, die 1995 gemeinsam den Nobelpreis verliehen bekamen.[16] Gene, die Körperpläne kodieren, werden als *Homeobox-Gene*, kurz *Hox-Gene*, bezeichnet.[17] Die Produkte der Hox-Gene bestehen aus (verschiedenen) Signalstoffen, die an die Genschalter zahlreicher anderer Gene des Genoms andocken und diese aktivieren können. Die Hox-Gene sind im Genom eines Organismus direkt aufeinander folgend aufgereiht, sie bilden eine Art genetische »Box«. Sie werden – entlang der körperlichen Entwicklung eines Embryos – der Reihe nach aktiviert. *Das Grundprinzip der Körperbauarchitektur liegt in der zeitlich-*

---

15 Aus den »pluripotenten« (zu vielem fähigen) Stammzellen eines Embryos im Frühstadium müssen durch Signalsysteme, die Genprogramme steuern, spezialisierte Tochterzellen werden, deren genetische Aktivität so programmiert ist, dass aus ihnen die entsprechenden Organe entstehen.

16 Lewis (1995), Nüsslein-Volhard (1995), Wieschaus (1995).

17 Bei der Fruchtfliege Drosophila, an der Christiane Nüsslein-Volhard ihre Entdeckungen machte, spricht man anstatt von Hox-Genen von HOM-Genen. Zur Großfamilie der Körperbaugene (zum sogenannten ANTP-Class Megacluster) gehören außer den Hox-Genen auch die »Para-Hox-Gene« sowie die »NK-Gene«.

räumlich (»temporospatial«) geordneten Abfolge der Aktivierung von Hox-Genen im embryonalen Genom.[18]

Den Anfang in der Welt der Vielzeller machte – etwa 634 Millionen Jahre vor unserer Zeit – eine Gruppe von winzigen, amorphen Vielzellern, die als Schwämme (Porifera) bezeichnet werden.[19] Diese ohne jede Symmetrie wachsenden Lebewesen hatten (und haben) lediglich *ein* »Ur-Gen« für Körperbau, das Proto-Hox genannt wird.[20] Nur etwa fünfzig Millionen Jahre später traten erste mikroskopisch kleine, *rund* gestaltete (radialsymmetrische) Vielzeller in Erscheinung (aus ihnen, den Cnidaria, haben sich später die Seeanemonen, Korallen und Quallen entwickelt (alle Genannten gehören, nebenbei bemerkt, dem *Tier*reich an). Was war im Genom passiert? Das Proto-Hox-Gen, bei den Schwämmen noch alleinstehend, hatte sich im Genom der radialsymmetrischen Vielzeller verdoppelt.[21]

Die Körper fast aller heute lebenden Spezies haben, wie wir wissen, keine radiale, sondern eine bilaterale (Rechts-links-)Symmetrie. Im Gegensatz zu radialsymmetrischen Lebewesen, die nur *eine* Körperachse besitzen (nämlich von vorn/anterior nach hinten/posterior), verfügen bilateralsymmetrische Lebewesen zusätzlich über eine *zweite*

---

18 Auch Pflanzen haben genetisch verankerte »body plans« (Graham et al., 2000), auf die ich hier jedoch nicht eingehe.

19 Porifera-Schwämme sind flache, auf steinigem Untergrund wachsende, auch heute noch existierende Organismen, die zum Tierreich gezählt werden. Sie haben nichts zu tun mit den Badeschwämmen.

20 Zusätzlich hatten sie vier »Körperbau-Begleitgene«, die als NK-Gene bezeichnet werden.

21 Die beiden Hox-Gene der Radiata heißen A (anterior) und P (posterior). Die vier Körperbau-Begleitgene (NK-Gene) waren weiterhin vorhanden.

Körperachse (nämlich von kopfwärts/rostral nach schwanzwärts/kaudal). Erste bilateralsymmetrische Vielzeller mit Körperlängsachse tauchten nur etwa dreißig Millionen Jahre nach den radialsymmetrischen Exemplaren auf. Bilateralia sind vermutlich eine eigene, direkt von den Amorphen kommende Entwicklung. Was unterscheidet sie nun genetisch von ihren Vorläufern und von den Radiata? Bei den Bilateralia wurde das Proto-Hox-Gen der Schwämme nicht nur verdoppelt, sondern vervierfacht. Alle vier Hox-Gene wurden sodann nochmals als Ganzes verdoppelt, was bedeutete, dass zum »Hox-Cluster« ein »Para-Hox-Cluster« hinzukam.[22] Diese genetische Grundausstattung reichte aus, um – in Form eines winzigen Wurmes[23] – das Ur-Exemplar dessen entstehen zu lassen, was fast alle zum Tierreich gehörenden Spezies bis heute sind: rechts-links-symmetrische Lebewesen mit einem »Vorn« und »Hinten« sowie einem »Oben« und »Unten«.

Die Entstehung eines Ur-Exemplars in Gestalt eines rechts-links-symmetrischen Miniwurms mit Körperlängsachse, so bahnbrechend dieses Ereignis per se auch war, hätte sicher niemanden veranlasst, von einer »kambrischen Explosion« zu sprechen. Doch die Evolution hatte, nachdem die Marinoan- samt nachfolgender Gaskiers-Vereisung vor 580 Millionen Jahren überstanden war, einen regelrechten evolutionären »Lauf«. *Innerhalb von nur fünfzig Millionen Jahren – angesichts von über drei Milliarden Jahren bereits abgelaufener Evolution war dies eine extrem kurze*

---

22 Auf ein weiteres, Evx genanntes Extra-Gen sowie auf die später hinzukommenden Gene der sogenannten EHG-Box gehe ich hier aus Gründen der Übersichtlichkeit nicht ein.

23 Es handelte sich um Lebewesen ähnlich den heutigen Acoel-Würmern.

Zeit – entstanden die grundlegenden Körperbaupläne für alles, was an Tieren (den späteren Menschen eingeschlossen) bis zum heutigen Tage nachfolgen sollte. Zu den Schöpfungen der »kambrischen Explosion« gehörten die sogenannten Deuterostoma, aus denen die Chordaten (aus diesen entwickelten sich u. a. Fische, Reptilien und Säugetiere) hervorgehen sollten, die Ecdysozoa, aus denen sich das Riesenreich der Insekten (Arthropoden) und das der Fadenwürmer (Nematoden) entwickelte, sowie die Lophotrochozoa, die zum Beispiel zum Ausgangspunkt von Schnecken und Muscheln (Mollusken) sowie von Plattwürmern (Plathelminthen) wurden.[24] *Alle aus der »kambrischen Explosion« hervorgegangenen Baupläne des Tierreiches zeigen – aus evolutionärer Sicht – ein frappierendes Maß an Übereinstimmung, sie sind Abwandlungen ein und desselben Grundbauplans.*

Die »kambrische Explosion« war der »große Wurf« der Evolution. Alle späteren Entwicklungen waren »Feinarbeit«. Ernst Mayr, der kürzlich verstorbene »große alte Mann« der Evolutionsbiologie, drückte dies so aus: »Selbst wenn wir Vögel oder Säugetiere mit ihren klar andersartigen Vorgängern, den Reptilien, vergleichen, so sind wir doch erstaunt, wie gering die tatsächlich neuen Strukturen sind. Die meisten Unterschiede sind nichts weiter als Verschiebungen der Proportionen, Verschmelzungen, Verluste, sekundäre Duplikationen und ähnliche Veränderungen, die allesamt nicht wirklich das betreffen, was ein

---

24 Natürlich wären bei den Deuterostoma außer den Chordaten auch die Hemichordaten und die Echinodermata zu erwähnen, und zu den Lophotrochozoa zählen neben den Mollusken und Plathelminthen auch die Brachiopoden und die Anneliden.

Morphologe den ›Plan‹ des jeweiligen Exemplars nennen würde.«[25]

Dass es sich bei der »kambrischen Explosion« tatsächlich um *einen* großen Wurf – mit vielen nahezu gleichzeitig hervorgebrachten Varianten – handelte, zeigen auch die Gene: Die vier Gene des Hox-Clusters bildeten zusammen mit dem Para-Hox-Cluster die genomische Grundausstattung für bilateralsymmetrische Körper.[26] Noch während der »kambrischen Explosion« wurden drei der vier Gene des Hox-Clusters ein weiteres Mal jeweils einzeln verdoppelt, so dass zunächst sieben, nach weiterer Verdoppelung acht und – bei einigen Speziesgruppen – schließlich vierzehn Hox-Cluster-Gene jenen Plan kodierten, nach dem die jeweiligen Lebewesen in ihrer embryonalen und darauf folgenden Entwicklung heranwuchsen.[27] Ein gewaltiger kreativer Prozess, der sich innerhalb einer nach erdgeschichtlichen Maßstäben relativ kurzen Zeit abspielte.[28] Analysen der in jüngster Vergangenheit sequenzierten Genome zeigen, dass es dreißig Millionen Jahre nach der

---

25 Mayr (1960).

26 Die Körperbau-Begleitgene (NK-Gene), die weiter mit von der Partie blieben und sich im späteren Verlauf der Evolution teilweise ebenfalls verdoppelten, werde ich der Übersichtlichkeit halber nicht weiter berücksichtigen.

27 Vierzehn Hox-Gene finden sich seit der Entwicklungsstufe der Chordaten (Lebewesen mit Rückenstruktur). Sie sind die evolutionären Vorläufer der Vertebraten (Fische mit Wirbelsäule; erstes Auftauchen etwa 500 Millionen Jahre vor unserer Zeit), aus denen dann wiederum die amphibischen Tetrapoden hervorgingen (Wasser-Land-Vierfüßler, vor rund 310 Millionen Jahren). Aus den Tetrapoden entstanden dann die Reptilien (vor rund 300 Millionen Jahren). Von den Reptilien verzweigte sich die Entwicklung einerseits zu den Dinosauriern (ab etwa 200 Millionen Jahre vor unserer Zeit) und andererseits zu den Vorläufern von Säugetieren (ebenfalls vor 200 Millionen Jahren).

28 Neuere Literatur zu den Hox-Genen sowie zu ihrer Beziehung zur »kambrischen Explosion« siehe: Knoll und Carroll (1999), Wagner et al. (2003), Garcia-Fernandez (2006), Filler (2007).

»kambrischen Explosion« noch eine Art heftiges genomisches »Nachbeben« gab: Den Beginn der Entwicklung der Wirbeltiere (Vertebraten), die um etwa 500 Millionen Jahre vor unserer Zeit als eigener Zweig aus der Großfamilie der Chordaten hervorgingen, markiert vermutlich eine – vielleicht sogar zweimal hintereinander abgelaufene – *Verdoppelung (bzw. Vervierfachung) des gesamten Genoms* (»Whole Genome Duplication«, WGD).[29] Dies wird angenommen, weil sich bei Vertebraten große Teile des Genoms, vor allem aber der gesamte oben erwähnten Hox-Gen-Komplex, in vierfacher Ausfertigung finden (wobei sich die vier Kopien aufgrund nachträglicher Veränderungen im Verlauf der weiteren Evolution inzwischen massiv unterscheiden). Die vier Hox-Cluster der späteren Säugetiere (auch des Menschen) werden als Hox A, Hox B, Hox C und Hox D bezeichnet.

Mit den Dogmen der darwinistischen Evolutionstheorie (die »Synthetische Theorie« eingeschlossen) kollidieren die Vorgänge vor, während und nach der »kambrischen Explosion« geradezu schmerzhaft, und dies in mehrfacher Hinsicht. Anstatt einer langsam, gleichmäßig und kontinuierlich verlaufenden Veränderung des biologischen Substrats entlang der Evolution zeigen alle vorliegenden Befunde für die Zeit *vor* der »kambrischen Explosion« eine lange, Hun-

29 Bengtson (1991), Wagner (2003), Coghlan et al. (2005). Seitens des International Human Genome Sequencing Consortium (2001) wird die Genomduplikation (WGD) ohne sichere Festlegung diskutiert. Im späteren Verlauf der Evolution kam es bei einer Seitenlinie von Fischen (den sogenannten Teleost-Fischen, unter ihnen die Zebrafische und Fugu) zu einer weiteren Genomduplikation, so dass hier sogar acht Hox-Cluster vorliegen (Jaillon et al., 2004; siehe auch Venkatesh et al., 2007).

derte von Millionen Jahren währende Phase biologischer Stabilität (»Stasis«), der dann – innerhalb weniger Millionen Jahre – ein geradezu gigantischer Entwicklungsschub folgte.[30] Auch die darwinistische Annahme eines nach dem Zufallsprinzip (»random«) ablaufenden Variationsprozesses der biologischen Lebensformen entlang der Evolution ist bei rationaler Betrachtung völlig unhaltbar. Vielmehr verläuft die Selbstveränderung der Organismen nach erkennbaren, im biologischen System selbst angelegten Prinzipien. *Das im Falle der »kambrischen Explosion« im Vordergrund stehende Variationsprinzip ist das der genetischen Duplikation*, die sich auf einzelne Gene, auf größere Gengruppen sowie – in sehr seltenen Fällen – auch auf das Genom als Ganzes beziehen kann. Besonders faszinierend ist, wie die Evolution die durch Duplikationsvorgänge erweiterten biologischen Möglichkeiten in kreativer Weise genutzt hat: Die aufgrund der Verdoppelungen entstandenen Kopien von »Body-plan-Genen« werden vom Organismus zu einem zügigen Veränderungsprozess (zum Beispiel durch Umbauvorgänge wie auch durch Mutationen) »freigegeben«, während Gene, die als Kopiervorlage gedient hatten,

---

30 Dieser Umstand war bereits Charles Darwin aufgefallen, der jedoch annahm, der plötzliche Entwicklungsschub sei ein scheinbarer, da die fossilen (auf Erforschungen von Sedimenten basierenden) Daten unvollständig und die Zwischenstufen, die eine kontinuierliche Entwicklung belegen würden, lediglich noch nicht gefunden seien. Diese Vermutung Darwins hat sich – wie manche andere seiner Annahmen (zum Beispiel zu den Ursachen des Untergangs der Dinosaurier) – aufgrund der Grabungen in weltweit über zwanzig ergiebigen, die gesamte Erdgeschichte abdeckenden Sedimenten als definitiv falsch erwiesen (Benton, 2000; siehe auch Williamson, 1981; Schankler, 1981; Morris et al., 1995; Knoll und Carroll, 1999; Brocks et al., 1999; Erwin, 2001; Anbar und Knoll, 2002; Fike et al., 2006; Gabott und Zalasiewicz, 2008; Shen et al., 2008).

konserviert bleiben.[31] *Anstatt ihr genetisches Substrat wahlloser Veränderung auszusetzen, schützen Organismen den für die Stabilität ihrer Körper notwendigen »eisernen Bestand« und begrenzen die Variation auf die durch Duplikationen als eine Art Experimentierfeld geschaffenen Erweiterungen des Genoms.* Dieses Prinzip zeigt sich nicht nur *innerhalb* des für die Körperpläne entscheidenden Hox-Bereiches: Dieser wird wiederum als Ganzes vom Organismus aktiv gegen genomweite Umbauvorgänge geschützt.[32] *Erkennbar werden damit zwei in biologischen Systemen angelegte Grundprinzipien: zum einen das der aktiv betriebenen, durch externe Stressoren angestoßenen Entwicklung und zum anderen das der aktiven Bewahrung von biologischer Stabilität.*

---

31 Auf dieses Prinzip hat in einer außerordentlich lesenswerten Publikation unter anderem Frank Ruddle, »grand old man« der Hox-Genforschung bei Säugetieren, hingewiesen (Wagner et al., 2003).

32 International Human Genome Sequencing Consortium (2001) sowie nochmals Wagner et al. (2003).

6 Wie Arten entstehen: Die »Werkstatt« der Evolution

Wie entstehen neue Arten? Erst die vollständige Entschlüsselung des menschlichen Erbgutes und zahlreicher weiterer Genome haben den Blick in die »Werkstatt« der Evolution freigegeben. Wieder einmal zeigt sich dabei die Biologie von ihrer genialen Seite. Erkenntnisse zur Frage der Entwicklung neuer Arten, die erst in den letzten Jahren gewonnen werden konnten und einen spektakulären Wissenszuwachs bedeuten, stimmen mit bisherigen darwinistischen Vorstellungen in zentralen Punkten nicht überein.

Den Kern der klassischen, aber auch der modernen, »New Synthesis« genannten darwinistischen Position bildet, wie ich bereits ausgeführt habe, die Annahme, neue Spezies entstünden, indem Genome einer kontinuierlichen, langsamen und graduellen Veränderung durch Mutationen ausgesetzt seien, die nach dem Zufallsprinzip auftreten. Mutationen sind Veränderungen im »Text« der Erbsubstanz DNS, die sich daraus ergeben, dass ein Einzelbaustein der DNS durch einen anderen ersetzt wurde.[1]

---

1 Man kann diese Einzelbausteine, die in der Fachsprache Nukleotide heißen, als

Zufällig stattfindende Mutationen, so heißt es weiter, die ihren Organismen – wiederum zufällig – Vorteile hinsichtlich maximaler Fortpflanzung brächten, würden von der natürlichen Selektion bevorzugt. Wer dagegen unvorteilhafte Mutationen aufweise, werde bei der Partnerwahl weniger begünstigt und erzeuge eine geringere Zahl von Nachkommen. Was »günstig« und »weniger günstig« sei, hänge von den äußeren Lebensumständen ab. Daher verlaufe der Ausleseprozess dort, wo Untergruppen einer existierenden Spezies durch äußere Bedingungen räumlich getrennt und damit in unterschiedliche Umwelten gezwungen worden seien (ein als »Allopatrie« bezeichnetes Phänomen[2]), dementsprechend unterschiedlich. Die Allopatrie habe deshalb – mit zunehmender Zeit – eine »Gendrift« zur Folge, das heißt, die von der natürlichen Selektion ausgewählten, an sich aber zufällig aufgetretenen Mutationen addierten sich allmählich und erzeugten, wenn Untergruppen einer Art dauerhaft getrennt leben, einen immer größeren genetischen Unterschied. Auf diesem Wege komme es zur Entwicklung neuer Spezies.

Obwohl jedes der Elemente, aus denen das darwinistische Dogma zur Artenentstehung komponiert ist, *jeweils für sich* durchaus ein reales Einzelphänomen beschreibt, hat es sich insgesamt als unhaltbar erwiesen. Kleine, graduelle Mutationen im Genom (Veränderungen im »Text« der DNS aufgrund von Modifikationen in der Abfolge

---

molekulare »Perlen« des »Kettenmoleküls« DNS bezeichnen. Vier unterschiedliche Nukleotide stehen zur Verfügung, jeweils drei aufeinander folgende bilden, wie schon erwähnt, eine Informationseinheit (ein Triplett).

2 Von »allos« (griechisch): anders, und »patria« (lateinisch): Heimat. »Allopatrie« drückt den Umstand aus, dass Subpopulationen einer Spezies über lange Zeiträume hinweg unterschiedlichen Umwelten ausgesetzt sind.

ihrer molekularen Einzelbausteine) treten tatsächlich auf. Solche sogenannten Punktmutationen können Krankheiten oder Funktionsstörungen zur Folge haben, sie können, wie ich noch zeigen werde, *sekundär* auch einen evolutionären Teilbeitrag leisten, doch sie *allein* führen – selbst wenn sich viele Mutationen summieren und Effekte von Allopatrie hinzukommen – nicht zur Bildung neuer Spezies. Dafür ist nicht ein einziges Beispiel bekannt.[3]

Selbstverständlich richtig ist – für sich betrachtet – auch ein weiteres Element der darwinistischen Theorie, nämlich dass Organismen und ihre Varianten einer natürlichen Selektion unterliegen. Auch trifft es zu, dass Selektionsprozesse in verschiedenen Lebenswelten unterschiedlich verlaufen. Allopatrie ist jedoch weder eine notwendige noch eine hinreichende Voraussetzung für die Bildung neuer Arten. Zahlreiche Beispiele zeigen, dass neue Spezies innerhalb von *gemeinsamen* Lebensräumen entstanden sind (ein als Sympatrie bezeichnetes Phänomen); ein sehr eindrucksvolles Geschehen ist die Artenexplosion bei Bar-

---

3 Im Übrigen zeigt die Genomanalyse vieler Spezies, dass Mutationen dieser Art (sogenannte Single Nucleotide Polymorphisms/SNPs) keineswegs rein zufällig auftreten, sondern dass Genome bestimmte Bereiche für intensive Mutationstätigkeit »freigeben« können, während andere Teile (zum Beispiel Gene für Körperbaupläne) davor aktiv geschützt werden. Im menschlichen Genom finden sich abgegrenzte Regionen mit intensiver, gegenüber dem Durchschnitt um den Faktor 20 (!) gesteigerter Mutationstätigkeit. Einer der genomischen Bereiche mit hoher Mutationsrate ist zum Beispiel für die Synthese des variablen Arsenals von Antikörpern zuständig, ein Umstand, der zur Folge hat, dass sehr viele unterschiedliche Antikörper (gegen viele unterschiedliche potenzielle Erreger bzw. Antigene) gebildet werden können (International Human Genome Sequencing Consortium, 2001, 2004). Ebenfalls nicht durch Zufall erklärbar ist die rund fünfmal höhere Mutationsrate von Genen des Y-Chromosoms im Vergleich zum X-Chromosom. Auf weitere Beispiele für eine durch die Zelle an bestimmten Stellen des Genoms in besonderer Weise »gebahnte« Mutationstätigkeit werde ich noch eingehen.

schen des Victoriasees in Afrika, wo sich innerhalb von maximal 400 000 Jahren 500 Arten bildeten.[4] Weitere Beispiele sind das Auftreten mehrerer Subspezies von im selben Gebiet lebenden afrikanischen Giraffen[5] oder die Entstehung verschiedener Untergruppen der Anopheles-Mücke im afrikanischen Mali.[6] Auch unterschiedliche Primaten sowie Vorstufen des Menschen (Hominoiden) haben sich teilweise in denselben afrikanischen Besiedlungsgebieten entwickelt.[7]

Die Analyse zahlreicher Genome zeigt: *Was neue Arten entstehen ließ, waren vom Genom selbst ausgehende Umbauprozesse innerhalb der genomischen Architektur, die sich gemäß inhärenten (im Genom selbst verankerten) Prinzipien abspielten. Genomische Umbauprozesse, die der Evolution zugrunde liegen, sind – sowohl hinsichtlich des jeweiligen Zeitpunkts als auch der Art ihres Ablaufs – nicht völlig zufällig, sondern folgen biologischen Regeln, sie sind »gebahnt«.* Dies bedeutet nicht, dass sie vorbestimmt sind. Dass das Auftreten eines Phänomens nicht dem reinen Zufall unterliegt, zugleich aber auch nicht strenger Determination, ist in der Biologie keine Ausnahme, sondern die Regel. *Biologische Prozesse sind einerseits Gesetzmäßigkeiten unterworfen, die sich aus natürlichen Wechselwirkungen zwischen den Komponenten eines lebenden Systems ergeben. Andererseits weisen alle biologischen Systeme – innerhalb der durch die Struktur des jeweiligen Systems begrenzten Bandbreite – erhebliche Spielräume auf, so dass Prozesse im Einzelfall unterschiedlich*

4 Meyer (2001), Turner (2007), Salzburger et al. (2008).

5 Brown et al. (2007).

6 Coluzzi et al. (2002), Turner et al. (2005).

7 Siehe unter anderem Spoor et al. (2007).

ablaufen können. Diese Bandbreite ist unter anderem die Ursache dafür, dass sich Organismen, selbst wenn sie genetisch (in ihrem Genotyp) identisch sind, in Details ihrer körperlichen Erscheinung (in ihrem Phänotyp) voneinander unterscheiden können.[8]

Obwohl die Grundprinzipien der Evolution für alle Arten galten und gelten, liegt es auf der Hand, dass wir als Menschen uns vor allem dafür interessieren, wie *wir* wurden, was wir sind. Das menschliche Genom und die groben Umrisse seiner Architektur wurden von einem internationalen Konsortium – an dem auch deutsche Forschergruppen aus Jena, Berlin, Braunschweig und Heidelberg beteiligt waren – aufgeklärt.[9] Das Konsortium-Projekt hat zwar weniger Publicity-Wirbel veranstaltet als die von Craig Venter parallel durchgeführte Genomanalyse[10], war Letzterer aber in qualitativer Hinsicht signifikant überlegen. Die aus dem Konsortium-Projekt hervorgegangenen Daten wurden seither von zahlreichen Forschergruppen – vor allem auch im Hinblick auf die Genome anderer Spezies – weiter analysiert und in vielerlei Hinsicht ergänzt.[11]

---

8 So unterscheiden sich zum Beispiel selbst eineiige Zwillinge biologisch – je länger sie leben, desto stärker – aufgrund sogenannter epigenetischer Variationen (Übersicht bei Bauer, 2006).

9 International Human Genome Sequencing Consortium (2001, 2004), Li et al. (2001).

10 Venter et al. (2001).

11 Hier nur eine Auswahl einiger wichtiger Arbeiten: Roy-Engel et al. (2001), Mouse Genome Sequencing Consortium (2002), Brosius (2002, 2003, 2005), Lönnig und Saedler (2002), Eichler und Sankoff (2003), De Visser et al. (2003), She et al. (2004), Fortna et al. (2004), Niller et al. (2004), Jurka (2004), Bailey et al. (2004), Mulley und Holland (2004), Shapiro (2005, 2006), Shapiro und Sternberg (2005), Jurka et al. (2005), Ciccarelli et al. (2005), Coghlan et al. (2005), Perry et al. (2006), Horvath et al. (2005), Johnson et al. (2006), Horman et al. (2006), Demuth et al. (2006), Krull et al. (2007), Pennisi (2007), Canestro et al.

Die Information, für die sich die Öffentlichkeit zunächst am meisten interessierte, nämlich die Anzahl der menschlichen Gene, war zwar durchaus bedeutsam. Als noch bedeutsamer aber erwies sich, was sich erst bei einem Blick auf jene Teile des Genoms zeigte, die nicht aus Genen im eigentlichen Sinne bestehen.

Das menschliche Genom enthält etwa 22300 Gene.[12] Bei zahlreichen Genen kann der genetische »Text« von der Zelle auf mehr als nur *eine* Art abgelesen werden, was bedeutet, dass *ein* Gen Informationen für *mehrere* Proteine enthalten kann. Dies ist der Grund, warum die rund 22300 Gene des Menschen die Information für die Synthese von insgesamt 34200 Genprodukten (Proteinen bzw. Eiweißmolekülen) tragen. Im Weiteren ergab sich die überraschende Erkenntnis, dass die pure Anzahl der Gene keinen Rückschluss auf die Komplexität eines Organismus zulässt, denn bereits ein einfaches Kraut (namens *Arabidopsis thaliana*) kann hinsichtlich der Zahl seiner Gene – es sind 25800 – mit dem menschlichen Genom durchaus mithalten. Auch kleine und kleinste Lebewesen wie die Maus (22000 Gene), die Fruchtfliege *Drosophila melanogaster* (13600 Gene) oder das Einzellerlebewesen Bierhefe (*Saccharomyces cerevisiae*) mit seinen immerhin etwa 6200 Genen spielen – jedenfalls was die Genzahl angeht – in der

(2007), Hinman und Davidson (2007), The Human Genome Structural Variation Working Group (2007), Wong et al. (2007), Cooper et al. (2007), Jiang et al. (2007), Jakobsson et al. (2008), Jun et al. (2008).

12 Diese Zahl nennt das International Human Genome Sequencing Consortium (2004), Demuth et al. (2006) beziffern die Zahl der menschlichen Gene auf 22763.

gleichen Liga wie der Mensch.[13] Folglich müssen wesentliche weitere Faktoren Größe, Komplexität und Fähigkeiten eines Organismus determinieren.

Eine Rekonstruktion der Entwicklungsgeschichte der Gene ist möglich, weil sich aus Ablagerungen in Sedimenten, die bis zu einer Zeit von über drei Milliarden Jahren zurückreichen, ein mittlerweile umfassendes Bild ergibt, welche Spezies zu welcher Zeit – zunächst im Ozean, dann auch auf dem Lande – gelebt haben.[14] Die aus der Paläobiologie (Biologie der Urgeschichte des Lebens) gewonnenen Erkenntnisse lassen sich in Beziehung setzen zur Genomanalyse heute lebender Spezies, die sich – durch »Verzweigungen« zu verschiedenen Zeitpunkten der Erdgeschichte – aus jeweils gemeinsamen Vorfahren entwickelt haben.

Abzweigungen neuer Spezies vom jeweils bisherigen Bestand sind entscheidende Wegmarken der Evolution (siehe dazu auch die Übersichtsabbildung auf S. 140/141). So markiert ein Zeitpunkt vor über 600 Millionen Jahren das Auf-

---

13 Eichler und Sankoff (2003), Salzburger et al. (2008). Das »Mouse Genome Sequencing Consortium« (2002) gibt die Zahl der Gene mit 22 011 an, Demuth et al. (2006) gehen von 24 502 Maus-Genen aus.

14 An einigen Stellen unseres Planeten wurden »Erdfriedhöfe« entdeckt, deren Sedimente einen sich über Milliarden Jahre erstreckenden Blick in die Geschichte ermöglichen und seit Darwins Zeiten Gegenstand intensiver Forschung sind. Die Schichten des Tawallah Basin und des McArthur Basin in Nordaustralien reichen zurück bis etwa 1,7 Milliarden Jahre (Anbar und Knoll, 2002), die Sedimente von Pilbara Craton in Nordwestaustralien bis 2,7 Milliarden Jahre (Brocks et al., 1999). Das Bighorn Basin in Wyoming (USA) enthält Schichten, die vor 3,5 Milliarden Jahren entstanden sind (Schankler, 1981). Andere ergiebige Fundorte liegen in China, Afrika, Sibirien, aber auch in europäischen Breiten. Wenige hundert Meter Grabungstiefe im Bereich eines »Erdfriedhofs« können eine Zeitreise über Hunderte Millionen Jahre zurück in die Urgeschichte unseres Planeten bedeuten. Die Altersbestimmungen von Sedimentschichten beruhen vor allem auf Isotopenanalysen, also auf der Bestimmung des Verhältnisses verschiedener Varianten (sogenannter Isotopen) ein und desselben Atoms (zum Beispiel Kohlenstoff).

tauchen erster mehrzelliger Lebewesen. Der Vergleich des Genoms von heute noch existierenden Einzellern (wie etwa dem der Bierhefe) mit dem Genom des Menschen kann daher Hinweise auf die genetische »Schnittstelle« vor über 600 Millionen Jahren liefern. Die nächste Schnitt-stelle liegt bei etwa 570 Millionen Jahren vor unserer Zeit, als erste wurmartige links-rechts-symmetrische Lebewesen mit einer zusätzlichen von oben nach unten verlaufenden Längsachse ihres Körpers auftauchten.

Eine weitere, besonders bedeutsame Schnittstelle bildet dann die schon beschriebene Phase der »kambrischen Explosion«, jene zwischen 570 und 530 Millionen Jahre vor unserer Zeit gelegene Ära, in der die grundlegenden Körperbaupläne aller heute noch existierenden Spezies entstanden. Dieser Zeitpunkt markiert also eine Vielfachverzweigung. Zu den »Produkten« der »kambrischen Explosion« gehörten – neben den Chordaten, aus denen später unter anderem auch Säugetiere und der Mensch hervorgingen – weitere große Artengruppen (sogenannte Phyla), unter ihnen die große Gruppe der Arthropoden[15], aus denen sich (mehr als 200 Millionen Jahre später) die Insekten entwickeln sollten. Die Fruchtfliege (*Drosophila melanogaster*) – als Vertreterin der Arthropoden – zog das besondere Interesse der Forscher auf sich, weil die Schnittstelle zwischen ihrem und unserem Genom auf den Zeitraum der »kambrischen Explosion« verweist. Das Gleiche gilt für das

15 Weitere waren die sogenannten Nematoden, Priapula, Mollusken, Anneliden, Brachiopoden, Plathelminthen und die Echinodermata (alle mit rechts-links-symmetrischem Körperbau). Daneben existierten weiterhin (bis heute) die radialsymmetrischen Cnidaria und die amorphasymmetrisch wachsenden Schwämme.

Genom des als Forschungsobjekt zu Berühmtheit gelangten Miniwurms *Caenorhabditis elegans*.

Für das Verständnis der Entwicklung des menschlichen Genoms sind darüber hinaus zahlreiche spätere, nach der »kambrischen Explosion« liegende Verzweigungen von Interesse. Hier seien nur zwei dieser Wegmarken genannt, die sich durch vergleichende Genomanalysen von heute noch lebenden Spezies besonders gut beschreiben lassen: Vor 100 bis 80 Millionen Jahren trennten sich die Wege aller höher entwickelten Säugetierspezies (Eutheria genannt), unter ihnen der Mensch und die Maus.[16] Der Umstand, dass die Maus – in Bezug auf den Menschen – die evolutionäre Hauptverzweigungsstelle der höheren Säugetiere markiert, sowie ihre unaufwendige Haltung und gute Vermehrbarkeit erhoben sie und ihr Genom in den Rang eines bevorzugten Forschungsgegenstandes. Die letzte interessante Schnitt- und Verzweigungsstelle wird durch den

---

16 Obwohl zwischen dem Erscheinen der Chordaten und dem Auftreten der höheren Säugetiere 400 Millionen Jahre liegen, kann die Entwicklung in dieser Zwischenzeit hier nur kurz skizziert werden (Näheres siehe unter anderem Storch et al., 2007): Aus den Chordaten (Lebewesen mit einer festen, beweglichen Rückenachse) begannen sich vor 500 Millionen Jahren die Vertebraten (Fische mit Wirbelsäule) zu entwickeln, aus diesen wiederum vor etwa 450 Millionen Jahren die Knochenfische. Nachdem sich bereits vor über 400 Millionen Jahren erste Pflanzen vom Wasser auf das Land ausgebreitet hatten, entstanden vor etwa 310 Millionen Jahren erste amphibische Tiere, die sich als Vierfüßler (Tetrapoden) Zugang zum Land verschaffen konnten. Sie waren die Vorgänger der Reptilien (ab 300 Millionen Jahre), aus denen etwas später (vor 270 Millionen Jahren) einerseits die Vorfahren der Dinosaurier (die Thecodontier), andererseits die Vorfahren der späteren Säugetiere (die Synapsiden, dann die Therapsiden) hervorgingen. Erste sehr kleine Säugetiere traten vermutlich zwischen 200 und 185 Millionen Jahren in Erscheinung. Der früheste fossile Fund eines komplett erhaltenen Primitivsäugetieres (Eomaia) ist 125 Millionen Jahre alt (Luo et al., 2007). Bei den Säugetieren nahmen Vertreter aus der Gruppe der Schweine später den Weg zurück ins Meer, wo sie sich zu den heutigen Meeressäugern (Delfinen und Walen) entwickelten.

Zeitpunkt markiert, als – zwischen zwanzig und fünf Millionen Jahren vor unserer Zeit – Vorläufer des Menschen und Primaten getrennte Wege gingen.[17]

So konnten vor dem Hintergrund der Entwicklungsgeschichte der Arten, wie sie sich aus Sedimentfunden und Ausgrabungen rund um den Globus zuverlässig rekonstruieren lässt, die in den letzten Jahren analysierten Genome verschiedener Spezies zu einer spektakulären Fundgrube werden, die nun auch ein Verständnis der Evolution der Gene ermöglichten. Ich werde nachfolgend die wichtigsten dabei erkannten Grundprinzipien herausstellen.

Aktiv bewahrte Stabilität

Ein erstes Prinzip der Evolution der Gene betrifft die *aktiv bewahrte Stabilität*. Mehr als 1300 Gene des Menschen wurden im Rahmen der Artenentwicklung seit mindestens 600 Millionen Jahren konserviert. Sie finden sich als im Wesentlichen stabil erhaltene Gene nicht nur beim Menschen,

---

17 Den gemeinsamen Urstammbaum der Primaten verließen vor dreizehn Millionen Jahren zunächst die Orang-Utans, dann die Gorillas (vor sieben Millionen Jahren), vor fünf bis sechs Millionen Jahren trennten sich die Wege der späteren Schimpansen und Bonobos von denen des Menschen, Schimpansen und Bonobos trennten sich voneinander erst vor rund zwei Millionen Jahren (Fortna et al., 2004). Neuere Untersuchungen scheinen für jeweils etwas frühere Zeitpunkte der Primatenverzweigung zu sprechen (Suwa et al., 2007; Kunimatsu et al., 2007): Der Zeitpunkt der Orang-Utan-Abzweigung könnte demnach schon vor zwanzig Millionen Jahren gelegen haben, die Gorilla-Abzweigung vor zwölf Millionen, die Schimpansen-Abzweigung vor sechs bis neun Millionen Jahren. Zwischen Vorläufern des Menschen und Schimpansen kam es nach Trennung der beiden Linien vermutlich nochmals zu Kreuzungen (Bastardbildungen), aus denen sich dann erst der heutige Mensch entwickelte (Patterson et al., 2006).

sondern als »Parallelgene« (sogenannte Orthologe) auch in den Zellen der Bierhefe (*S. cerevisiae*), bei der Fliege (*D. melanogaster*) und beim Wurm (*C. elegans*).[18] Genprodukte des Menschen zeigen zu 46 Prozent eine Homologie mit denen der Hefe, zu 43 Prozent mit denen des Wurms und zu 61 Prozent (!) mit denen der Fliege.[19]

Beschränkt man den Vergleich des menschlichen Genoms auf ein Säugetier wie die Maus, so wird das Prinzip der Stabilität noch deutlicher sichtbar: 99 Prozent der Mausgene haben eine Homologie zu jeweils einem Gen des Menschen (der auch ein Säugetier ist).[20] Doch mehr noch, sogar die Reihenfolge, in der die Gene entlang der DNS des Genoms angeordnet sind, ist bei beiden Spezies in hohem Maße bewahrt: 96 Prozent der zwischen Maus und Mensch homologen Gene finden sich im Genom in identischer Folge aufgereiht: Sie zeigen eine sogenannte Syntenie.[21] In etwa 3000 Fällen existieren bei Mensch und Maus Zweierpaare von homologen Genen, die in beiden Genomen in identischer Weise hintereinander verortet sind. Längere Genabschnitte mit bis zu einhundert (!) in gleicher Ordnung hintereinander geschalteten Genen fin-

---

18 International Human Genome Sequencing Consortium (2001).

19 Meine Tochter, der ich eine Durchsicht des Manuskripts verdanke, kommentierte hier: »Ich protestiere!« Wenn *alle anderen Tierarten gemeinsam* als Vergleich herangezogen werden, weisen 99 Prozent der menschlichen Genprodukte eine Homologie zu einem Gen von mindestens einer jeweils anderen Spezies auf (International Human Genome Sequencing Consortium, 2001, siehe dort Figur 38).

20 Mouse Genome Sequencing Consortium (2002).

21 Mouse Genome Sequencing Consortium (2002). Das Phänomen der Syntenie gibt es nicht nur bei allen Tierarten, sondern auch bei Pflanzen (Coghlan et al., 2005).

den sich als konservierte Segmente beider Genome in immerhin noch 200 Fällen.[22]

Stabilität von Genen über Dutzende, ja Hunderte von Millionen Jahren widerspricht dem darwinistischen Dogma kontinuierlicher – noch dazu dem Zufallsprinzip unterworfener – Mutationen des Genoms. Gleiches gilt für die sich über Millionen von Jahren (bis zu dreißig Millionen Jahren) erstreckende erstaunliche Stabilität lebender Arten, ein als Stasis oder Robustheit bezeichnetes Phänomen.[23] Wenn das darwinistische Prinzip kontinuierlicher, ungerichteter Variation des biologischen Substrats tatsächlich Grundlage des evolutionären Wandels wäre, dann müsste sie immer, überall und ausnahmslos stattfinden. *Auch mit dem Prinzip der Selektion lässt sich die eindrucksvolle Stabilität nicht erklären, denn Selektion kann den postulierten allgemeinen Variationsprozess als solchen weder aufhalten noch rückgängig machen, sie kann lediglich unter bereits aufgetretenen Variationen selektieren. Stabil gebliebene Segmente des Genoms – die Grundarchitektur der Körperbaugene eingeschlossen – setzen daher zwingend einen aktiven Prozess der Selbststabilisierung des Genoms voraus.*

»Was die Welt [in diesem Falle: des Genoms] im Innersten zusammenhält«[24], ist bislang ungeklärt.[25] Der Prozess

---

22 International Human Genome Sequencing Consortium (2001), siehe dort unter anderem die Figuren 46–48.

23 Morris et al. (1995), De Visser et al. (2003), Bennet (2004), Peterson und Butterfield (2005).

24 Johann Wolfgang von Goethe (1808): Faust, Szene »Nacht«.

25 Anzunehmen sind biologische bzw. molekulare Rückmeldemechanismen, die das Genom veranlassen, vital bedeutsame Elemente in besonderer Weise zu konservieren. Als im Prinzip denkbarer Mechanismus infrage käme die RNA-Interferenz.

der Stabilisierung ist jedoch selektiv, denn Genome schützen sich nicht nur vor Dekonstruktion, sie lassen – allerdings auch hier in nicht völlig beliebiger Weise – massive Veränderungen ihrer selbst zu, ja sie organisieren diese Veränderungen sogar aktiv.

Veränderung der »genomischen Architektur« I: Duplikation, Ortswechsel und Rekombination von Genen

Ein zweites, für die Entwicklung neuer Arten zentrales und entscheidendes Evolutionsprinzip ist *Duplikation, Ortswechsel und Rekombination von Genen.*[26] Auch dieser Prozess ist – entgegen dem darwinistischen Dogma – alles andere als ungerichtet bzw. dem reinen Zufall überlassen[27], vielmehr wird er vom Genom selbst organisiert. Zu den frühesten evolutionären »Erfindungen« von Zellen gehören kleine, aus Erbsubstanz (DNS) bestehende Elemente, von denen bereits die Rede war und die – wenn sie von der Zelle nicht aktiv daran gehindert werden – in der Lage sind, Gene (oder Teile von Genen) zu verdoppeln, innerhalb des Genoms an eine andere Stelle umzusetzen, ja sogar von einer Spezies zu einer anderen zu transportieren. Eine der Überraschungen nach vollständiger Aufklärung des menschlichen Genoms war, wie schon erwähnt, dass nur etwa 1,2 Prozent (!) des Erbgutes aus Genen bestehen,

---

26 Shapiro (2005).

27 Andererseits ist er, wie ich bereits ausgeführt habe, auch nicht determiniert.

die Proteine (Eiweißmoleküle) herstellen.[28] Dass manche Gene nicht der Proteinsynthese dienen, sondern den alleinigen Zweck haben, eine RNS herzustellen, war zwar nicht unbekannt.[29] Solche »RNS-Gene« konnten aber kaum 98,8 Prozent des Genoms ausmachen. Und tatsächlich ist dies, wie sich zeigen sollte, auch nicht der Fall.

Die genomische »Terra incognita«, der nicht aus Genen bestehende, bis dahin völlig unbekannte Bereich von über 98 Prozent des menschlichen Erbgutes, barg eine spektakuläre Überraschung: Über 50 Prozent der menschlichen DNS bestehen aus Sequenzen verschiedenen Typs[30], denen gemeinsam ist, dass sie – verstreut über das Genom – in jeweils mehrfachen, teilweise in vielen Hundert Kopien vorliegen, weshalb sie in der Fachsprache als »Repeat Sequences« oder »Repetitive Sequences«, das heißt als »Wie-

---

28 International Human Genome Sequencing Consortium (2004).

29 Wie bereits an früherer Stelle ausgeführt, sind RNS-Moleküle nicht nur als Erzeuger von Proteinen fungierende DNS-Kopien, sondern haben innerhalb der Zelle zahlreiche eigenständige, außerordentlich wichtige Steuerungs- und Kontrollaufgaben – auch gegenüber den Genen.

30 Unterschieden werden fünf Typen von »Repeat-Sequenzen«. Diese sind (in der international üblichen Fachterminologie): 1. »Transposon-derived repeats«; sie bilden mit fast 90 Prozent die Mehrheit aller »repeat sequences« und sind das, was ich in diesem Buch als »Transpositionselemente« (TEs) bezeichne; 2. »Retroposed copies of cellular genes« (Kopien von Genen, sie sind Ergebnis von Genduplikationen, wie sie durch bestimmte TEs vorgenommen werden können); 3. »Simple sequence repeats« (Vielfachkopien sehr kurzer DNS-Stücke); zu ihnen gehört die sogenannte Satelliten-DNS, die sich vor allem in der Mitte (im Bereich des Zentromers) und an den Enden (den Telomeren) von Chromosomen findet; 4. »Segmental duplications« (Kopien sehr großer DNS-Abschnitte, in denen sich zum Teil ganze Gruppen von Genen befinden können); sie sind eine weitere mögliche Folge der Aktivität bestimmter TEs; 5. »Blocks of tandem repeats« (bei ihnen handelt es sich um eine Variante der unter 3. genannten »Simple sequence repeats«).

derholungssequenzen« bezeichnet werden.[31] Kaum waren – bereits vor der vollständigen Sequenzierung des menschlichen Genoms – erste Hinweis auf große DNS-Anteile aufgetaucht, die nicht »Gene« im engeren Sinne des Wortes, sondern Repeat-Sequenzen darstellen[32], meinten neodarwinistische bzw. soziobiologische Autoren, endlich den fehlenden, lange schmerzlich vermissten Beweis für das Vorliegen egoistischer Gene im Sinne von Richard Dawkins[33] gefunden zu haben. Auch als »Müll-DNS« (»Junk DNA«) wurden die Repeat-Sequenzen gern bezeichnet. Diese Sicht wird zum Teil weiterhin vertreten. Tatsächlich liegen inzwischen aber erdrückende Beweise dafür vor, dass die Repeat-Sequenzen der DNS zentral wichtige Bestandteile des Genoms sind, ohne die es keine Evolution gegeben hätte. Was also hat es mit diesen Sequenzen auf sich?

Repeat-Sequenzen sind weder Müll-DNS noch egoistisch, sondern kooperative Elemente im Dienste der Zelle. Sie sind der Motor und die Werkzeuge der Evolution.[34] Fast 90 Prozent der Repeat-Sequenzen – dies entspricht einem Anteil von 43 Prozent des gesamten menschlichen Erbgutes – be-

---

31 International Human Genome Sequencing Consortium (2001, 2004). Auch alle anderen Genome (nicht nur das des Menschen) enthalten diese Elemente: Im Falle des Wurms (*C. elegans*) ist ihr prozentualer Anteil am Genom niederer als beim Menschen, bei der Fruchtfliege (*D. melanogaster*) liegt der Anteil am Genom nochmals etwas niedriger.

32 Siehe zum Beispiel Brosius (1999).

33 Dawkins (1976/2004).

34 International Human Genome Sequencing Consortium (2001, 2004) sowie (unter anderem): McClintock (1983), Shapiro (1999, 2005, 2006, 2009), Shapiro und von Sternberg (2005), Brosius (1999, 2003, 2005), Pardue et al. (2001), Arkhipova und Morrison (2001), Lönnig und Saedler (2002), Eichler und Sankoff (2003), Jaillon et al. (2004), Jurka (2004), Niller et al. (2004), Jurka et al. (2005), Coghlan et al. (2005), Du et al. (2006), Konin und Dolja (2006), Pennisi (2007), Canestro et al. (2007), Krull et al. (2007), Rocha (2008), Rensing et al. (2008).

stehen aus Molekülen, die dem Leser inzwischen gut bekannt sein dürften: Ich komme auf die »Transpositionselemente« (»transposable elements«, TEs) zurück. Genetische Transpositionselemente sind keine Gene im eigentlichen Sinne, bestehen aber wie Gene aus der Erbsubstanz DNS. Sie sind – in allen Spezies, Pflanzen eingeschlossen – die molekularen Werkzeuge für *Duplikation, Ortswechsel und Rekombination von Genen,* das heißt für Veränderungen der genomischen Architektur. Transpositionselemente unterliegen der Kontrolle der Zelle.[35] Wenn sie von dieser nicht daran gehindert werden (was in der Regel der Fall ist!), sind sie zu erstaunlichen Aktivitäten fähig.[36] Sie können, wie dies von mir bereits angesprochen wurde, Gene verdoppeln und die von ihnen veranlassten Kopien eines Gens an anderer Stelle des Genoms einsetzen. Sie können Gene, indem sie diese (oder deren Kopien) im Genom versetzen, unter die Kontrolle neuer Genschalter[37] bringen, was zur Folge haben kann, dass sich die Regulation der Aktivität des betreffenden Gens verändert. Dank ihrer Fähigkeit, Gene oder Teile derselben zu versetzen, können

35 Die Kontrolle findet auf zwei Ebenen statt. Erste Ebene: Der größte Teil der Transpositionselemente wird von der Zelle selbst hergestellt (Ausgangsmaterial ist zelluläre RNS, die von der Zelle in DNS umgeschrieben – »revers transkribiert« – wird). Die so umgeschriebenen DNS-Stücke werden dann als Transpositionselemente ins Genom eingefügt. Zweite Ebene: Alle im Genom sitzenden Transpositionselemente (auch die nicht von der Zelle selbst hergestellten, sondern »eingewanderten«) werden von der Zelle aktiv kontrolliert (gehemmt).

36 Shapiro (1999), Brosius (1999).

37 Genschalter (sogenannte Promoter und Enhancer) bestehen aus DNS-Sequenzen, die dem »eigentlichen« Gen vorgeschaltet sind. Ihre Funktion besteht darin, auf – aus der Sicht des Genoms – »von außen« kommende Signale (zum Beispiel auf das Eintreffen von »Transkriptionsfaktoren«) zu reagieren und entsprechend diesen Signalen das nachgeschaltete Gen entweder an- oder abzuschalten.

Transpositionselemente Gene (oder Teile eines Gens) einem anderen Gen hinzufügen[38], was – via Fusion oder Rekombination – zur Entstehung *neuer Gene* führen kann (deren Proteinprodukte dann entsprechend veränderte oder erweiterte Funktionen haben können). Schließlich können Transpositionselemente auch größere DNS-Abschnitte, ja ganze Teile von Chromosomen[39] an eine andere Stelle versetzen, wobei die neu positionierten Stücke nicht nur in der bisherigen, sondern gelegentlich auch in umgekehrter Orientierung, sozusagen in verkehrter Richtung platziert werden (ein als Inversion bezeichneter Vorgang).[40]

Von der Zelle – mit Hilfe von Transpositionselementen des Genoms – veranlasste Duplikationen von genetischem Material, Neukombinationen von Genen (oder von Teilen von Genen) sowie durch Umsetzungen von genetischen Elementen verursachte Veränderungen bei der Regulation der Genaktivität sind die bedeutendste Voraussetzung für die Entstehung neuer Arten.[41] Daneben können für die Artenentstehung

---

38 Die Umsetzung von Teilen eines Gens (»Exons«) und ihre Einfügung in ein anderes Gen werden in der Fachliteratur als »Exon shuffling« bezeichnet.

39 Chromosomen sind in jedem Zellkern vorhandene Verpackungseinheiten des Erbgutes, das heißt der DNS. Sie werden während bestimmter Phasen der Zellteilung als mikroskopische Miniaturkörperchen sichtbar. Der Mensch hat 22 Paare von Chromosomen, hinzu kommen die beiden Geschlechtschromosome (X- und Y- Chromosom), wobei Frauen ein X-Chromosomenpaar haben, Männer dagegen ein X- und ein Y-Chromosom.

40 Das »International Human Genome Sequencing Consortium« (2001) formulierte: »Cohorts of repeats born at the same time reshape the genome« (Zu einem gemeinsamen Zeitpunkt auftretende Kohorten von Transpositionselementen geben dem Genom eine neue Gestalt), während das »Mouse Genome Sequencing Consortium« (2003) erkannte: »The genome is moulded by transposons« (Das Genom wird durch Transpositionselemente modelliert).

41 International Human Genome Sequencing Consortium (2001), Mouse Genome Sequencing Consortium (2003), Eichler und Sankoff (2003), Brosius (2005), Canestro et al. (2007), Pennisi (2007), Rensing et al. (2008).

(selten auftretende) Verdopplungen des Gesamtgenoms[42] sowie (was ebenfalls nicht sehr häufig geschieht) Kreuzungen zwischen verwandten Arten[43] eine Rolle spielen.

Eine nähere Betrachtung der Entwicklung der Gene im Verlauf der Evolution lässt Phasen mit einer besonderen, schubartigen Häufung von Duplikationen erkennen, die mit einer ebenso schubartigen Entwicklung neuer Arten einhergingen.[44] Eine Phase extrem vermehrter Duplikationstätigkeit findet sich, wie bereits erwähnt, vor und während der »kambrischen Explosion«, weitere Duplikationsschübe folgten. Zwei letzte große Schübe in Richtung Evolution des Menschen ließen sich in der Vorlaufzeit der Entwicklung höherer Säugetierarten[45] sowie im Vorfeld und im Verlauf der Entwicklung der Primaten[46] identifizieren.

Die Zeiträume zwischen aufgetretenen Duplikationen und der Entstehung neuer Arten scheinen von unterschiedlicher Dauer zu sein. Dies dürfte unter anderem damit zusammenhängen, dass weitere Bedingungen erfüllt sein müssen, um neue Spezies entstehen zu lassen: Duplizierte Gene (oder Teile von Genen) durchlaufen sekundäre

---

42 Wagner et al. (2003), Rensing et al. (2008), Heimberg (2008), International Human Genome Sequencing Consortium (2001).

43 McClintock (1983), Coghlan et al. (2005), Mavarez et al. (2006), Patterson et al. (2006).

44 Gu et al. (2002), Ding et al. (2006), siehe auch Eichler und Sankoff (2003).

45 Dieser Schub begann ab etwa 130 Millionen Jahre vor unserer Zeit, also etwa 30 Millionen Jahre vor Beginn der Artenvermehrung höherer Säugetiere (Krull et al., 2007).

46 Der mit der Entwicklung der Primaten zusammenhängende Duplikationsschub begann vor 40 bis 50 Millionen Jahren (Roy-Engel et al., 2001; Eichler und Sankoff, 2003). Mehrere weitere Duplikationsschübe begleiteten die Entwicklung der verschiedenen Menschenaffenspezies sowie die Entwicklung des Menschen während der vergangenen ca. 20 Millionen Jahre (Roy-Engel et al., 2001; Marques-Bonet et al., 2009).

Veränderungsprozesse, auf die ich an späterer Stelle noch eingehen werde.

Entscheidende Grundlage für die Bildung neuer Spezies sind also nicht Anhäufungen von zufälligen Mutationen, sondern von der Zelle veranlasste, vom Genom selbst ausgehende Veränderungen der genomischen Architektur, die darauf abzielen, die vorhandenen biologischen Optionen (Handlungsmöglichkeiten) zu erweitern, indem existierende genetische Elemente neu kombiniert oder – unter Erzeugung von Duplikationen bereits vorhandener Teilelemente – zu einem komplexeren System erweitert werden.

Nach diesem Muster entwickeln sich einzellige Lebewesen ebenso wie Pflanzen und Tiere. Bakterien zum Beispiel verändern die Architektur ihres Genoms, wenn sie einer Vernichtungsgefahr, etwa durch Antibiotika, entkommen wollen (was ihnen erstaunlich gut gelingt).[47] Wären Bakterien – gemäß der darwinistischen Doktrin – in ihrer Abwehr gegen Antibiotika auf in ihrem Genom zufällig auftretende Mutationen angewiesen, hätten wir heute in den Krankenhäusern keine Probleme mit sogenannten nosokomialen Keimen[48], stattdessen wären Bakterien dort schon lange ausgerottet.

Auch Pflanzenzellen reagierten mit Selbstmodifikation, wenn sie durch Umweltbedingungen (zum Beispiel durch

---

47 Ploy et al. (2002), siehe auch Shapiro (1999) sowie Rocha (2008). Bevor Bakterien ihre Gene »umbauen«, haben sie die Möglichkeit, durch Aktivierung zahlreicher bereits vorhandener (Abwehr-)Gene auf Umweltveränderungen zu reagieren (Pomposiello et al., 2001).

48 Nosokomiale Keime sind im Krankenhausmilieu gegen die dort eingesetzten Antibiotika resistent gewordene Bakterien. Ursache ihrer Resistenz sind die in ihnen – mittels Transpositionselementen – erfolgten Umbauprozesse der genomischen Architektur.

Trockenheit aufgrund zurückgehender Meeresspiegel) unter Existenzdruck gerieten. Der Umbau ihres genomischen Inventars stand auch Pate, als sich aus Grünalgen Moose und aus diesen später erste blühende Pflanzenspezies entwickelten.[49] Gleiches geschah, als sich Reis und Weizen vor etwa 50 Millionen Jahren aus ihrer gemeinsamen Vorgängerpflanze entwickelten.[50] Der Weizen (ebenso wie wiederum der Mais) verdankt seine Nutzpflanzentauglichkeit – lange bevor menschliche Züchtungstechniken das Ihre beitrugen – massiven Duplikationsschüben seines Genoms, die sich innerhalb der letzten 50 Millionen Jahre abspielten.[51]

Eine Auflistung der im Erbgut von Säugetieren – den Menschen eingeschlossen – anzutreffenden Transpositionselemente findet sich in Anhang 1 (s. S. 190 f.). Die Rolle, die Transpositionselemente und der durch sie vermittelte Umbau der Genomarchitektur für die Entwicklung der Säugetiere im Allgemeinen und für die des Menschen im Besonderen spielten, werde ich später darstellen.

---

49 Rensing et al. (2008).

50 Coghlan et al. (2005).

51 McClintock (1983), Coghlan et al. (2005), Du et al. (2006). Weizen hat – unter dem Einfluss seiner Transpositionselemente – innerhalb der letzten 40 Millionen Jahre sein Genom nicht nur umgebaut, sondern um das Vierzigfache erweitert. Mais hat vor elf Millionen Jahren sein Genom dupliziert und dieses in der Folge nochmals massiv umgebaut (Eichler und Sankoff, 2003; Canestro et al., 2007).

Auslöser genomischer Entwicklungsschübe: Stressoren

»The genome is a highly sensitive organ« (Das Genom ist ein hochgradig wahrnehmungsbegabtes Organ), so die Nobelpreisträgerin Barbara McClintock. Die Ergebnisse ihrer Experimente ließen sie schon vor über 25 Jahren zu der Schlussfolgerung kommen: »Cells make wise decisions and act upon them« (Zellen treffen weise Entscheidungen, und sie handeln danach).[52] Nach der vollständigen Sequenzierung zahlreicher Genome steht McClintock mit ihrer Sicht inzwischen nicht mehr allein da. Die DNS, Trägerin aller Erbinformationen, sei ein »communication molecule«, so James Shapiro, prominenter Molekularbiologe der Universität Chicago. Zellen seien »cognitive entities« (Einheiten mit Wahrnehmungsvermögen). »It is difficult to overestimate the sensory input« (Der Einfluss, den Wahrnehmungen [der Zelle] haben, ist kaum zu überschätzen).[53] Als ich selbst – vor dem Hintergrund meiner eigenen jahrelangen Forschungstätigkeit im Bereich der Immunologie und Neurobiologie – 2002 beschrieb, »wie Beziehungen und Lebensstile unsere Gene steuern«[54], war auch dieses Statement anfangs für viele befremdlich. *Der Grund für unsere Schwierigkeiten zu begreifen, was Biologie wirklich ist, liegt darin, dass wir uns unter dem Einfluss darwinistischer und soziobiologischer Dogmen angewöhnt haben, Lebewesen und ihre Gene wie komplett autistische Akteure, ja im Grunde*

52 McClintock (1983).
53 Shapiro (2006).
54 Bauer (2002).

wie physikalische Objekte zu betrachten. Dass es ausgerechnet Forscher*innen* wie Barbara McClintock und Lynn Margulis waren, die versucht haben, die noch immer vorherrschende »autistisch-männliche Sicht auf die Biologie«[55] etwas geradezurücken, ist meines Erachtens kein Zufall.

Das darwinistische, auch in der modernen Variante der »New Synthesis«-Theorie aufrechterhaltene Konstrukt einer kontinuierlichen, zufallsgesteuerten Variation des biologischen Substrats wird sowohl durch fossile (aus der Erforschung von Sedimenten stammende) als auch durch molekulargenetische (aus der Analyse von Genomen abgeleitete) Erkenntnisse widerlegt.[56] Fossile Funde zeigen, ebenso wie die Analyse sequenzierter Genome, keine kontinuierliche, sondern eine schubweise evolutionäre Entwicklung. Schübe, in denen – nach evolutionären Maßstäben – in relativ kurzer Zeit neue Arten entstanden, wechseln sich ab mit langen Phasen (»Stasis«), in denen Arten stabil nachweisbar sind.[57] Stephen Jay Gould von der Harvard University bezeichnete dieses Muster als »punctuated equilibrium«[58], womit punktuelle Ereignisse im Wechsel mit langen Phasen eines jeweils neuen Gleichgewichts bezeichnet werden sollen. Die genetischen Werk-

55 Der britische Hirnforscher Simon Baron-Cohen vertritt die – durch eine Reihe von Befunden gestützte – Auffassung, dass das Gehirn des Mannes auf die Erfassung mechanischer Funktionen eingeengt sei und eine Art »Light«-Variante eines autistischen Gehirns darstelle (Baron-Cohen, 2005). Der Begriff einer »autistisch-männlichen Sicht auf die Biologie« stammt nicht von Baron-Cohen.

56 Shapiro (1999, 2005, 2006), siehe auch Gould und Eldredge (1993).

57 Schankler (1981), Williamson (1981), Gould und Eldredge (1993), Morris et al. (1995), Morris (2000), Peterson und Butterfield (2005), Shen et al. (2008).

58 Stephen Jay Gould, Evolutionsbiologe und Paläontologe (1941–2002). Siehe Gould und Eldredge (1993).

zeuge, mit denen Zellen Entwicklungsschübe auf den Weg bringen, sind die Transpositionselemente.

Zwei wichtige Fragen bleiben zu klären: Welche Faktoren sind dafür verantwortlich, dass Lebewesen und ihre genomische Architektur über lange Zeit stabil bleiben? Und welche Auslöser kommen ins Spiel, wenn genomische Transpositionselemente aktiviert werden? Zellen haben zwei Möglichkeiten, das Geschehen zu kontrollieren. Die erste besteht darin, Transpositionselemente neu herzustellen und sie auf das eigene Genom »loszulassen«. »Ausgangsmaterial« für die Herstellung von Transpositionselementen ist zelluläre RNS, welche von der Zelle in DNS »umgeschrieben« (»revers transkribiert«) und ins eigene Genom eingefügt wird.[59] Zellen wiederholen mit diesem Schritt im Prinzip das, was sie bereits in der Frühphase der Evolution vollzogen haben, als sie begannen, erstmals Gene zu produzieren, indem sie sich von der »RNS-Welt« auf die »DNS-Welt« umstellten. Eine zweite, ebenso bedeutsame Kontrollmöglichkeit der Zelle gegenüber der Aktivität von Transpositionselementen hat die Zelle, indem sie im Genom bereits vorhandene Elemente unter Aufsicht hält – unabhängig davon, ob diese von ihr selbst hergestellt worden waren oder aus externer Quelle ins Genom »eingewandert« sind (dazu an späterer Stelle mehr).

Da in Genomen derzeit lebender Spezies zahlreiche potenziell funktionstüchtige Transpositionselemente nachweisbar sind[60], muss *zwingend* angenommen werden, dass

59 Siehe unter anderem Brosius (1999), Jurka (2004).

60 International Human Genome Sequencing Consortium (2001, 2004). Viele der im menschlichen Erbgut vorhandenen Transpositionselemente wurden durch Mutationen dauerhaft deaktiviert. Hunderte sind jedoch noch voll funktionsfähig.

Zellen die Transpositionselemente ihres Genoms aktiv kontrollieren bzw. hemmen. Tatsächlich verfügen Zellen über Möglichkeiten, genetisches Material – sowohl Gene als auch Transpositionselemente – zu steuern oder zu deaktivieren. Ein Weg, dies zu tun, besteht für die Zelle darin, die DNS von Genen oder von Transpositionselementen mit einer Art biochemischer »Verpackung« zu versehen und sie damit zu blockieren.[61] Diese »epigenetische« Deaktivierung ist »auf mittlerer Stufe« stabil, denn sie ist einerseits strukturell verankert, andererseits aber zugleich im Prinzip reversibel. Tatsächlich spielen epigenetische Mechanismen bei der Überwachung von Transpositionselementen eine wichtige Rolle.[62]

Die Zelle kann Transpositionselemente auch dadurch abbremsen, dass sie RNS-Moleküle, die beim Aktivwerden von Transpositionselementen beteiligt sind, hemmt oder zerstört. Wie bereits mehrfach erwähnt, wurde vor kurzem ein molekulares System entdeckt, das als RNS-Interferenz bezeichnet wird.[63] Es versetzt Zellen in die Lage, genetische Aktivitäten ihres Genoms – sowohl auf epigenetischem Wege als auch durch RNS-Hemmung – zu kontrollieren. Die entscheidende Rolle in diesem System spielen

61 Siehe unter anderem Brosius (1999). Als »Verpackung« bezeichne ich hier die seitliche Anheftung von Methylgruppen an die DNS. Dieser Vorgang gehört zu den sogenannten epigenetischen Veränderungen, durch die sich Umwelteinflüsse auf die DNS auswirken können. DNS-Methylierung kann eine Deaktivierung von genetischen Abschnitten zur Folge haben.

62 Matzke et al. (1999), Bestor (1999).

63 Auf Englisch: »RNA-interference«, abgekürzt »RNAi«. Tuschl et al. (1999), Yao (2003), Morris et al. (2004), Mello (2006), Fire (2006), Cao et al. (2006), Zimmermann et al. (2006), Girard et al. (2006), Kim (2006), Borenstein und Ruppin (2006), Bhattacharyya et al. (2006), Schratt et al. (2006), Fiore und Schratt (2007), Martin und Caplen (2007), Heimberg et al. (2008), Fiore et al. (2008).

kleine RNS-Moleküle, die sogenannten microRNA.[64] Zusammen mit hoch spezialisierten Proteinen (Eiweißstoffen)[65] bilden Mikro-RNS-Moleküle ein komplexes Überwachungssystem, mit dem die Zelle die Tätigkeit ihres Genoms nicht nur kontrollieren, sondern auch an sich verändernde Bedingungen anpassen kann.

Ein besonderes Merkmal des RNS-Interferenzsystems ist, dass es nicht nur in allen »normalen« Körperzellen (den somatischen Zellen) tätig ist, sondern auch auf das Genom der Keimbahn Zugriff hat, also auch auf die Gene jener Zellen, mit denen Lebewesen Nachwuchs zeugen. Organismen scheinen – inzwischen sprechen zahlreiche qualifizierte Hinweise für diese Annahme – das RNS-Interferenzsystem zu benutzen, um Transpositionselemente ihres Genoms aktiv zu hemmen und so ihre genomische Architektur zu stabilisieren.[66] Dies würde bedeuten, dass eine Schwächung des RNS-Interferenzsystems zu einer Lockerung der Kontrolle über die Transpositionselemente führt (sie werden damit sozusagen von der Leine gelassen). Und damit sind wir bei der nächsten Frage.

Was aktiviert Transpositionselemente und bringt den durch sie veranlassten Umbau der genomischen Architektur in Gang? »It does not make sense for cells to possess molecular agents of genome restructuring and not use them« (Es ergibt keinen Sinn für die Zelle, molekulare Werkzeuge für die Umstrukturierung des eigenen Genoms

---

64 Für die Herstellung dieser microRNA stehen zahlreiche Gene bereit.

65 Diese Proteine tragen, wie erwähnt, die Bezeichnungen »Drosha«, »Dicer« und »Argonauten«.

66 Horman et al. (2006), Craig (2006), Mello (2006), Martin und Caplen (2007). Siehe auch Shapiro und Sternberg (2005).

zu besitzen und sie nicht zu benutzen)[67], so James Shapiro. Barbara McClintock, die einst vermutete, genomische Veränderungen seien eine Reaktion von Zellen auf massive und nachhaltige Umweltstressoren[68], scheint auch in diesem Punkt Recht behalten zu haben – dies zeigen jedenfalls zahlreiche neuere Studien, die diesem Thema gewidmet sind.

Dass Stressoren von Zellen wahrgenommen und mit genomischen Rekonstruktionsmaßnahmen beantwortet werden können, scheint dabei für alle Organismen – Einzeller, Pflanzen und Tiere – zu gelten. Beginnen wir mit den Einzellern: Dauerhaft unter Stress geratene Bakterien warten nicht nur auf bessere Zeiten. Gezielte Aushungerung durch Verknappung einzelner Nahrungsstoffe im jeweiligen Kultivierungsmedium veranlasst Bakterien, bestimmte Gene des eigenen Erbgutes umzusetzen, zu verdoppeln oder miteinander zu größeren Genen zu fusionieren. Gleiche Effekte können, wie bereits an früherer Stelle erwähnt, auch Antibiotika oder Bakterizide haben, wenn sie unterhalb einer tödlichen Konzentration eingesetzt werden.[69] Entgegen dem darwinistischen Dogma, genetische Mutationen ereigneten sich gleichmäßig und rein zufällig (und würden anschließend von der Selektion ausgewählt oder verworfen), verhält es sich also tatsächlich genau umgekehrt: Werden die Umgebungsbedingungen für Bakterien ungemütlich

---

67 Shapiro (1999).

68 »Stressor« ist dabei jede schwere, nachhaltige *Veränderung des äußeren Milieus*. So war zum Beispiel die Zunahme von Sauerstoff über zwei Milliarden Jahre hinweg in der Frühzeit unseres Planeten ohne jede Frage ein Stressor.

69 Bakterizide (zum Beispiel Wasserstoffsuperoxid) sind Stoffe, unter deren Einwirkung Bakterien absterben.

genug, steigert sich die Wahrscheinlichkeit, dass genetische Veränderungen eintreten, um das bis zu Zehntausendfache.[70] Dies ist der Grund – ich habe schon darauf hingewiesen –, warum, sozusagen unter blanker Missachtung darwinistischer Vorschriften, überall da, wo Kranke mit Antibiotika behandelt werden, immer aggressivere (weil resistentere) Keime entstehen.[71] Interessant ist, dass Bakterien nicht nur die Möglichkeit haben, ihr genomisches Arsenal zu vergrößern, sondern dass sie sich von Genen, die sich für eine Verwendung nicht eignen, auch – wiederum dank ihrer Umbauelemente – aktiv trennen können.[72]

Zahlreiche Bakterien haben sich, wie bereits ausgeführt wurde, vor über zwei Milliarden Jahren mit einem anderen Ur-Zelltyp, den Archäa-Zellen, vereinigt, was – durch einen als Endosymbiose bezeichneten Vorgang – die Entstehung »moderner« Zellen, der Eukaryonten, zur Folge hatte. Eukaryonten waren der Ausgangspunkt für mehrzellige Organismen (sowohl für Pflanzen als auch für Tiere). Sie existieren aber – wie Bakterien und Archäa-Zellen – bis heute auch als *einzellige* Lebewesen weiter. Auch bei einzelligen Eukaryonten ist Umweltstress in der Lage, Transpositionselemente von der Leine zu lassen und Veränderungen der genomischen Architektur auszulösen. Konkret gezeigt

---

70 Siehe unter anderem: Foster (1993), Shapiro (1984, 1995, 1997), Shapiro und Leach (1990), Maenhaut-Michel und Shapiro (1994), Maenhaut-Michel et al. (1997), Peters und Benson (1995), Galitski und Roth (1995), Radicella et al. (1995), Lamrani (1999), Foster und Rosche (1999), Hall (1999), Ploy et al. (2000), Pomposiello (2001), Rocha (2008).

71 Besonders bedenklich ist es daher, wenn in der Landwirtschaft mittlerweile hochpotente Antibiotika wie Streptomycin als Schädlingsvertilgungsmittel versprüht werden.

72 Rocha (2008).

wurde dies zum Beispiel an Vertretern aus der Gruppe der Lamblien, die – wie manche Bakterien – als Krankheitserreger des Menschen eine Rolle spielen können.[73] Auch Schimmelpilze gehören zur Gruppe eukaryontischer Einzeller. Und auch hier rufen Stressoren (wie etwa die Bestrahlung mit UV-Licht) die Transpositionselemente auf den Plan.[74]

Wie verhält es sich bei Pflanzen? Pflanzen sind alles andere als apathische, leidensbereite stille Wesen, die sich sozusagen alles gefallen lassen – auch wenn sie gelegentlich so angesehen oder in romantischen Momenten manchmal entsprechend stilisiert werden. Auch sie besitzen ein Sensorium für Umweltstressoren der verschiedensten Art, auf die ihre Zellen mit einer massiven Mobilmachung ihrer genomischen Transpositionselemente reagieren können. Genomische Umbauprozesse werden bei ihnen nicht nur durch radioaktive Strahlung ausgelöst (wie es vor Jahrzehnten als Erste bereits Barbara McClintock beobachtete), sondern auch durch Verletzungen, durch Kontakt mit Schädlingen oder bei anhaltendem Wassermangel.[75] Zahlreiche Beispiele zeigen, dass Stressoren in verschiedenen Phasen der Evolution immer wieder auch einen entscheidenden Beitrag zur Entstehung neuer Arten geleistet haben. Eine bei Pflanzen – im Vergleich zu einzelligen Lebewesen oder zu Tieren – besonders oft vorkommende Variante beim Umbau des Genoms ist seine Verdoppelung oder Vervielfachung (ein als Polyploidisierung bezeichneter

---

73 Arkhipova und Morrison (2001), Pardue et al. (2001). Lamblien können Darmerkrankungen auslösen.

74 Bradshaw und McEntee (1989).

75 Costa et al. (1999), Rensing et al. (2008).

Vorgang).[76] Welcher Mechanismus eine Duplikation des *gesamten* Erbgutes bewirkt und inwieweit Transpositionselemente hier mitwirken, ist noch unbekannt.[77]

Bei Tieren (und erst recht beim Menschen) gestaltet sich ein experimenteller, also direkter Nachweis von Umwelteffekten auf die Genomarchitektur schwieriger als bei einzelligen Organismen oder bei Pflanzen. Das liegt unter anderem daran, dass Zellen, die das Erbgut an Nachkommen weitergeben (die Zellen der Keimbahn), in tierischen Organismen vom Rest des Körpers (von den somatischen Zellen) zwar nicht völlig, aber doch in erheblichem Maße abgeschirmt sind. Zellen der Keimbahn befinden sich bei Tieren die längste Zeit des Lebens in einem absoluten Ruhestadium. Die Phasen, in denen sie dieses entweder noch nicht eingenommen haben (während der Embryonalentwicklung) oder es verlassen (bei der Reifung der Geschlechtszellen kurz vor der Zeugung von Nachkommen), sind kurz, so dass für eine Aktivierung von Transpositionselementen nur relativ kleine Zeitfenster offen stehen.

Es liegen jedoch experimentelle Hinweise vor, die zeigen, dass Stressoren auch bei Tier und Mensch Auslöser genomischer Rekonstruktionsmaßnahmen sein können: 1. Unter Laborbedingungen kultivierte menschliche Zellen sind grundsätzlich in der Lage, Transpositionselemente zu aktivieren.[78] 2. Stressoren, zum Beispiel bestimmte Gifte, kön-

---

76 Coghlan et al. (2005).

77 Genomische Umbaumaßnahmen können auch die Beseitigung des genetischen Materials zur Folge haben. Veränderungen der genomischen Architektur können zudem zu einer Zu- oder Abnahme der Chromosomenzahl führen wie im Falle des asiatischen Muntjak-Hirsches (Wang und Lan, 2000).

78 Dewannieux et al. (2003).

nen in tierischen Zellen (die in Zellkulturen gehalten werden) Transpositionselemente aktivieren.[79] 3. Werden in Laborkulturen gehaltene menschliche Zellen einem Stressor ausgesetzt (etwa einem Mangel an Nährstoffen im Kulturmedium), kann dies eine Schwächung des erwähnten Kontrollsystems (RNS-Interferenz) nach sich ziehen, mit dem Zellen ihre Transpositionselemente »in Friedenszeiten« (das heißt, wenn kein Stressor vorliegt) »an der Leine« halten.[80]

Interessanterweise scheinen »höhere« Tiere wie die Wirbeltiere im Vergleich zu niedereren wie den Wirbellosen eine um über 100 Prozent höhere Resistenz gegenüber Veränderungen der genomischen Architektur aufzuweisen.[81] Eine höhere »Robustheit« mag im Hinblick auf die Stabilität der Art vorteilhaft erscheinen, sie kann wegen der verminderten Anpassungsbereitschaft bei massiven Veränderungen der Umwelt aber auch von Nachteil sein. Dass jedoch auch im Falle der Tiere tatsächlich Umweltfaktoren bzw. -stressoren genomische Veränderungen und die Entstehung neuer Spezies beförderten, ergibt sich aus den bereits erwähnten Gesichtspunkten ebenso wie bei einem Blick auf die Entwicklung der Säuger. Diese trennten sich bereits vor über 200 Millionen Jahren in zwei Hauptgrup-

---

79 Hagan et al. (2003).

80 Bhattacharyya et al. (2006) fanden, dass Stressbedingungen in kultivierten menschlichen Leberzellen die hemmende Wirkung einer microRNS aufheben. Da Mikro-RNS-Moleküle, welche die entscheidenden Werkzeuge des RNS-Interferenzsystems sind, als die mutmaßlichen Kontrolleure der Transpositionselemente fungieren, würde dies bedeuten, dass Umweltstressoren – über eine Schwächung der RNS-Interferenz – Transpositionselemente aktivieren. Da die RNS-Interferenz auch auf Zellen der Keimbahn Einfluss hat, kann Umweltstress damit auch dort einen Umbau der genomischen Architektur nach sich ziehen.

81 Coghlan et al. (2005).

pen, wobei Tiere, aus denen später unter anderem Schweine und Pferde hervorgingen, in der einen Gruppe landeten, während sich Tiere, aus denen später unter anderem Nagetiere und der Mensch entstanden, in der anderen Gruppe befanden. Obwohl beide Gruppen – von einem Zeitpunkt vor 200 Millionen Jahren ab gerechnet – über 100 Millionen weitere Jahre »getrennte Wege« gingen, kam es vor ziemlich genau 100 Millionen Jahren in beiden Gruppen *zeitgleich* zu einem Entwicklungsschub (einer »Radiation«), der die Entstehung zahlreicher neuer Spezies zur Folge hatte (unter anderem trennten sich damals die Wege zwischen dem, was eines Tages Maus wurde, und dem, was sich später zum Menschen entwickelte).[82]

Eine in beiden getrennten Entwicklungslinien über 100 Millionen Jahre währende stabile Phase (»Stasis«), gefolgt von einem wiederum in beiden vor 100 Millionen Jahren gleichzeitig ablaufenden genomischen Entwicklungsschub, kann nicht als Zufall betrachtet werden. Vielmehr zeigt dieses Geschehen: Die Evolution verlief (und verläuft) offenbar als Wechsel zwischen Phasen der Stabilität und punktuellen Veränderungen des Genoms, wobei Letztere als simultane Reaktion (vieler Spezies) auf einen äußeren Auslöser betrachtet werden müssen.

82 Coghlan et al. (2005).

Massenhaftes Artensterben und Entwicklungsschübe: Gibt es Zyklen?

Eine zentrale Aussage Darwins lautete, Hauptursache für den Untergang von Spezies des Pflanzen- oder Tierreiches im Verlauf der bisherigen Evolution sei der – sowohl zwischen Individuen als auch zwischen Spezies – *untereinander* geführte Kampf ums Überleben.[83] Den Untergang der Dinosaurier vor 65 Millionen Jahren interpretierte Darwin daher als deren Niederlage im Kampf gegen die Säugetiere. Ein Aussterben aufgrund geophysikalischer bzw. klimatischer Veränderungen, wie sie unter Fachleuten schon zu Darwins Zeiten durchaus in Betracht gezogen wurden, schloss er ausdrücklich aus.[84] Als Luis und Walter Alvarez im Jahre 1980 gravierende Hinweise darauf entdeckten, dass die Dinosaurier einer geophysikalischen Katastrophe (möglicherweise infolge eines gigantischen Meteoriteneinschlags) zum Opfer gefallen waren[85], hätte das für Darwins These, Spezies gingen im fortwährenden Artenkampf unter, nicht das Aus bedeuten müssen. Es hätte sich ja schließlich beim Exitus der Dinosaurier um eine Ausnahme im Gang der Evolution handeln können. Das wirkliche Ende bereitete der Darwin'schen These das Ergebnis der phänomenalen Fleißarbeit eines Geophysikers und Evolutionsbiologen an der Universität Chicago. John

83 Darwin (1859), Kapitel 4, S. 97; Kapitel 11, S. 402 ff., S. 414 und S. 422; Kapitel 15, S. 563. Darwin wollte diesen gegeneinander geführten Kampf mit der Folge einer Auslese ausdrücklich auch auf die menschlichen »Rassen« bezogen sehen (Darwin, 1871, Kapitel 7, S. 203).

84 Darwin (1859), Kapitel 11, S. 390–422, sowie Kapitel 15, S. 550.

85 Alvarez et al. (2000).

Sepkoski und sein Mitarbeiter David Raup führten vor rund dreißig Jahren erstmals eine systematische, repräsentative Untersuchung von Sedimenten in »Erdfriedhöfen«[86] durch und zählten numerisch aus, wie viele Artenfamilien sich zu verschiedenen Zeiten der Erdgeschichte – beginnend vor 600 Millionen Jahren, also kurz vor der »kambrischen Explosion«, bis zum heutigen Tage – nachweisen lassen.[87]

John Sepkoskis Ergebnisse waren komplett unvereinbar mit dem darwinistischen Konstrukt eines kontinuierlichen, dem ständigen Artenkampf geschuldeten Untergangs von Spezies. Aber auch die neodarwinistische Theorie vom fortwährenden Untergang derer, denen es nicht gelinge, eine hinreichend große Nachkommenschaft zu hinterlassen, war mit der Untersuchung Sepkoskis faktisch widerlegt, denn dessen Daten zeigten Folgendes: *Die Mehrheit aller Arten, die irgendwann im Verlauf der Evolution untergingen, verschwanden nicht kontinuierlich, sondern relativ »plötzlich«, das heißt im Rahmen von punktuellen Massenuntergangsszenarien, von denen jeweils viele Arten gleichzeitig betroffen waren.* Bei einer ersten groben Analyse des gesamten Zeitraums von der kambrischen Artenexplosion bis zum heutigen Tag identifizierte Sepkoski fünf – vor dem Hintergrund evolutionärer Zeitmaße als »schlagartig« anzusehende – gigantische Untergangsereignisse

86 Wie an früherer Stelle ausgeführt, habe ich paläogeologische Grabungsstellen, die entlang der Tiefe ihrer Sedimente einen Blick in die gesamte biologische Erdgeschichte (zurück bis zu einem Zeitraum vor über drei Milliarden Jahren) zulassen, als »Erdfriedhöfe« bezeichnet.

87 Raup und Sepkoski (1982, 1984).

(sogenannte Massenextinktionen).[88] Im Laufe der schwersten dieser Auslöschungskatastrophen vor rund 250 Millionen Jahren ging die große Mehrheit aller damals lebenden Arten unter (so haben 95 Prozent aller im Meer lebenden Spezies damals nicht überlebt). Auch dem späteren Untergangsszenario vor 65 Millionen Jahren sind bei weitem nicht nur die Dinosaurier zum Oper gefallen, sondern dieses Geschehen hätte beinahe allem Leben den Garaus gemacht. Bei einer näheren Analyse der letzten 250 Millionen Jahre fand Sepkoski zwischen die großen fünf Massenextinktionen noch weitere, kleinere Auslöschungsereignisse eingestreut.[89] Zwischen diesen Extinktionen war – im Vergleich dazu – kein nennenswerter Artenverlust nachweisbar.

John Sepkoskis Daten, die sich als unumstößlicher Eckpfeiler der Evolutionsforschung erwiesen haben[90], machen drei Dinge klar: Erstens *gab* es Stressoren, die das Leben immer wieder neu unter Druck setzten. Zweitens waren sie ihrer Art nach punktuell zugespitzte Ereignisse.[91] Drittens hatten diese Ereignisse jeweils einen massenhaften, simultanen Untergang von vielen Spezies auf einmal zur Folge. Diese Stressoren waren etwas völlig anderes als jenes über allen Lebewesen schwebende Damoklesschwert,

---

88 Diese lassen sich datieren auf etwa 440 Millionen (Ereignis 1), 370/360 Millionen (2), 250/248 Millionen (3), 220/210 Millionen (4) und 65 Millionen Jahre vor unserer Zeit (5); Raup und Sepkoski (1982).

89 Raup und Sepkoski (1984).

90 Kirchner und Weil (2005), Rohde und Muller (2005).

91 Ein innerhalb von einer Million oder von *wenigen* Millionen Jahren ablaufendes Ereignis kann in Relation zu der Zeitspanne von über 500 Millionen Jahren seit der »kambrischen Explosion« (dem Zeitraum der Entstehung der Grundmuster der Arten) als ein punktuelles Ereignis betrachtet werden.

das in der Sprache des darwinistischen Dogmas als Selektionsdruck bezeichnet wird.

Mit »Selektionsdruck« ist gemäß darwinistischer Auffassung (einschließlich »New Synthesis«-Theorie) gemeint, dass durch *zufällige, kontinuierliche* Mutationen entstandene Varianten von Lebewesen mit bestimmten neuen Eigenschaften aufgrund ihrer besseren Anpassung an die jeweiligen Lebensverhältnisse nachträglich selektiert werden. Dabei stoßen dem darwinistischen Modell zufolge mit Überlebensvorteilen ausgestattete Varianten genau in jene ökologischen Lebensräume vor, die durch untergegangene Arten freigegeben wurden (weil Letztere schlechter an sie angepasst waren).

Untersuchungen zeigen, dass die von Sepkoski entdeckten Untergangsereignisse diesem Muster gerade *nicht* entsprechen: Untergangsereignisse waren in jedem der abgelaufenen Fälle ein schwerer Schlag für *alles,* was lebte. Es kam *nicht* zu einer raschen Inbesitznahme von geräumten ökologischen Nischen durch überlebende Arten. Stattdessen dauerte es nach jedem Auslöschungsereignis in der Regel etwa zehn Millionen Jahre, bis neue Arten in den Vordergrund traten und den frei gewordenen »Ecospace« wieder mit Leben erfüllen konnten, was aller Wahrscheinlichkeit nach bedeutet, dass neue Variationen erst entstehen mussten, die den vakanten Lebensraum zu besiedeln vermochten.[92]

Aus diesen Ergebnissen folgt, dass die darwinistische Theorie vom Kopf auf die Füße gestellt werden muss: Arten

---

92 Miller (1998), Kirchner und Weil (2000).

entstehen nicht dadurch, dass sich zufällig und kontinuierlich entstandene Variationen unter dem Druck der Selektion nachträglich als besser angepasst erweisen als ihre Vorläufer. Was neuen Arten den Weg bahnt, scheinen stattdessen von den jeweiligen biologischen Systemen als Reaktion auf Umweltstressoren veranlasste genomische Selbstveränderungen zu sein. Diese müssen sich *dann* natürlich auch als lebenstüchtig erweisen, das heißt, sie unterliegen *sekundär* einer Selektion – allerdings überwiegend in einem völlig banalen, tautologischen Sinne, nämlich dass nur leben kann, was lebensfähig ist.[93]

Nachdem punktuell aufgetretene Stressoren im Verlauf der Evolution unbestreitbar sind, bleiben zwei Fragen offen, zum einen: Wodurch wurden die Massenextinktionen verursacht? Zum anderen: Gibt es zwischen den Ereignissen, die zu massenweisem Aussterben führten, und evolutionären Entwicklungsschüben tatsächlich einen kausalen Zusammenhang? Und wenn ja: In welcher zeitlichen Beziehung stehen sie zueinander?

Als ursächliche Faktoren für die Massenextinktionen kommen mehrere Ereignisse infrage, wobei sich solche, die von der Erde selbst ausgehen, von primär extraterrestrischen unterscheiden lassen. Von unserem Planeten selbst verursachte Faktoren mit Einfluss auf die Biosphäre be-

93 Die Kernsätze des darwinistischen Dogmas sind – worauf vielfach immer wieder hingewiesen wurde – im Grunde Tautologien, also Erklärungen ohne Erklärungswert. (Berühmtes Beispiel für eine Tautologie: »Warum ist die Banane krumm?« – »Wenn sie nicht krumm wäre, wäre es keine Banane mehr!«) Auf »darwinistisch« lautet die Frage: »Was charakterisiert optimal angepasste Lebewesen?« – Antwort: »Die Fähigkeit, sich maximal zu behaupten und/oder fortzupflanzen.« Frage: »Welche Lebewesen können sich maximal behaupten und/oder fortpflanzen?« – Antwort: »Diejenigen, die optimal angepasst sind.«

treffen vor allem heftige Wanderungsbewegungen der Festlandplatten auf der Erdoberfläche (die sogenannte Kontinentaldrift) sowie, damit zusammenhängend, einen phasenweise gewaltigen Vulkanismus. Vulkanaktivitäten und der mit ihnen verbundene Ausstoß von Ruß, Kohlendioxid und Hitze dürften massiven Einfluss auf das globale Erdklima genommen haben. Lebensbedrohliche Klimaabkühlungen beschränkten sich nicht nur auf die beiden bereits erwähnten Megavereisungen der Erde vor 2,5 Milliarden Jahren[94] sowie nochmals, kurz vor der »kambrischen Explosion«, vor rund 640 Millionen Jahren[95]. Eine empfindliche Erdabkühlung wird auch als Ursache der ersten schweren, von John Sepkoski beschriebenen Massenextinktion diskutiert, die sich vor 440 Millionen Jahren ereignete.[96] Fast alle damaligen Kontinente (das spätere Europa eingeschlossen) drifteten zu diesem Zeitpunkt über den kalten, weil von der Sonne nur flach beschienenen Südpol, entsprechend kühlten sich auch die Küstengewässer, in deren Bereich ein Großteil aller Lebewesen lebte, ab. Die Ursache der zweiten Massenextinktion (vor 370/360 Millionen Jahren) ist unklar. Für die beiden extrem schweren Extinktionsereignisse Nummer 3 (vor rund 250 Millionen Jahren) und Nummer 5 (vor 65 Millionen Jahren) werden wahlweise gigantische Meteoriteneinschläge auf die

94 Anbar und Knoll (2002), Kump (2008).

95 Hoffman et al. (1998), Miller (1998), Knoll und Carroll (1999). Wie schon erwähnt, hatte die zweite globale Vereisung (»Marinoan Glaciation«) vor etwa 700 Millionen Jahren einen Vorläufer (»Sturtion Glaciation«) sowie, etwa 580 Millionen Jahre vor unserer Zeit, einen deutlich abgeschwächten Nachläufer (»Gaskiers Glaciation«).

96 Erwin (2001).

Erde oder schwerer Vulkanismus (oder beides gemeinsam) verantwortlich gemacht.[97]

Sind Stressoren und der mit ihnen jeweils verbundene massenhafte Untergang von Spezies Zufallsereignisse? Oder zeigen sie ein regelmäßiges Muster, treten sie zum Beispiel in regelmäßiger Wiederholung, also zyklisch auf? Folgen Untergangsereignisse einerseits und evolutionäre Entwicklungsschübe mitsamt der Entstehung neuer Arten einem noch nicht erkannten Rhythmus?[98] Tatsächlich hat sich eine Reihe von Evolutionsbiologen, Geologen und Physikern mit dieser Frage ernsthaft beschäftigt. Ich selbst halte die dazu vorliegenden Daten – jedenfalls beim derzeitigen Stand des Wissens – für keine besonders »heiße Spur«, möchte sie aber nicht unerwähnt lassen. Zyklen wurden – unabhängig voneinander – sowohl für Untergangsereignisse als auch für Evolutionsschübe beschrieben. Eine wei-

97 Gewaltige, ungewöhnlich ausgedehnte Lavaschichten, das Trapp-Plateau in Sibirien und das Dekkan-Plateau in Indien, sind die möglichen Überbleibsel eines massiven Vulkanismus zu den beiden genannten Zeitpunkten. Vulkanismus und die Wanderung der Erdplatten stehen natürlich in einem Zusammenhang. Vor etwa 250 Millionen Jahren formten einige bis dahin getrennte Kontinentalplatten, nachdem sie in einer Art Geleitzug den Südpol überquert hatten, den Großkontinent »Pangäa«. Vor etwa 170 Millionen Jahren zerbrach Pangäa in einen nördlichen Kontinent, »Laurasia«, und einen südlichen, »Gondwana«. Vor etwa 120 Millionen Jahren trennte sich dann zunächst Gondwana in einen westlichen (Südamerika) und einen östlichen Kontinent (Afrika), zuletzt (ab etwa 80 Millionen Jahre vor unserer Zeit) erfolgte die Trennung von Laurasia in das westliche Nordamerika und das östliche Eurasien (siehe unter anderem Murphy et al., 2001, sowie www.ucmp.berkeley.edu/geology/anim1.html).

98 Ob in einer Zeitreihe aufeinander folgende Ereignisse eine Rhythmik haben oder nicht, wird nicht »nach Gefühl« oder »nach Augenschein« entschieden, sondern lässt sich durch mathematische Verfahren (zum Beispiel durch eine Fourier-Analyse) testen. Die Anwendung mathematischer Verfahren dieser Art ermöglicht es, mit einer genau zu beziffernden Wahrscheinlichkeit anzugeben, ob eine infrage stehende Rhythmik rein zufälliger Natur oder Ausdruck eines im Hintergrund tätigen systematischen Musters ist.

tere, dritte Art von Zyklik bezieht sich auf die aus dem Weltraum auf die Erde treffende kosmische Strahlung. Doch der Reihe nach: John Sepkoski fand bei näherer Betrachtung auch kleinerer Auslöschungsereignisse innerhalb der letzten 250 Millionen Jahre einen regelmäßigen Zyklus von 26 Millionen Jahren.[99] Die Physiker Robert Rohde und Richard Muller von der Universität Berkeley entdeckten bei einer Analyse der Auslöschungsereignisse der vergangenen 500 Millionen Jahre einen Zyklus mit einer Massenextinktion alle 62 Millionen Jahre.[100]

Die nächste Frage ist nun, ob Zyklen für evolutionäre Entwicklungsschübe des Genoms (als Voraussetzung für die Entstehung neuer Arten) existieren und ob diese in etwa zur beschriebenen Rhythmik der Auslöschungsereignisse passen. Membranproteine müssen, da sie wichtige Signalprozesse zwischen Zellen sowie zwischen Zellen und Umwelt vermitteln, evolutionär »Schritt halten« und einen genomischen Komplexitätszuwachs erfahren, wenn neue Arten auf höherer Entwicklungsstufe entstehen sollen. Eine chinesische Arbeitsgruppe wählte daher Gene aus, die den Bauplan für Membranproteine tragen, um zu untersuchen, ob sich bei der Betrachtung erfolgter Duplikationen dieser Gene evolutionäre Schübe finden lassen und ob diese einer Rhythmik unterliegen.[101] Tatsächlich fanden sie Hinweise auf einen (allerdings nur schwach signifikanten) 61-Millionen-Jahre-Zyklus, in dem sich genomische Entwicklungsschübe ereigneten.

---

99 Raup und Sepkoski (1984).

100 Rohde und Muller (2005), siehe auch Kirchner und Weil (2005).

101 Ding et al. (2006).

Doch damit nicht genug: Astrophysiker beschreiben einen weiteren, fast gleich getakteten Zyklus[102]: Alle 63,6 Millionen Jahre erreichen auf die Erde treffende kosmische Gammastrahlen ein Maximum.[103] Zwar dringen aus dem Weltraum kommende Gammastrahlen nicht selbst bis zur Oberfläche der Erde vor, sie laden jedoch die Atmosphäre auf (Ionisation) und erhöhen dadurch die ultraviolette Einstrahlung auf unseren Planeten. Und diese kommt als potenzieller biologischer Stressor und Stimulus für genomische Umbauimpulse tatsächlich durchaus infrage.

Ob sich die Ergebnisse zu diesen drei Zyklen bestätigen lassen, muss im Moment ebenso offenbleiben wie die Frage, ob sie – und wenn ja, wie – in einem kausalen Zusammenhang stehen. Sicher ist aber, dass Genome auf Stressoren reagieren, indem sie ihre Architektur nach eigenen inneren Gesetzen modifizieren. Auch welche Zeitintervalle zwischen dem Eintreffen eines Stressors und dem Auftauchen neuer Spezies vergehen, ist im Moment, wie schon erwähnt, noch unklar.

---

102 Thomas und Melott (2006), Medvedev und Melott (2007).

103 Der Grund hierfür ist, dass die Sonne (mitsamt ihrem Planetensystem) innerhalb der von unserer Milchstraße gebildeten Spiralscheibe in ihrer Position wandert, indem sie senkrecht zur galaktischen Ebene regelmäßig (alle 63,6 Millionen Jahre) – abwechselnd nach Norden und nach Süden – herausschwingt. Beim Herausschwingen in Richtung des nördlichen Himmels kommt es zu einer Zunahme der die Erde treffenden kosmischen Gammastrahlung aus der Tiefe des Weltalls. – Besondere Quellen von kosmischer Gammastrahlung sind Supernova-Explosionen: Sie produzieren einen sogenannten Gamma-Ray-Burst (GRB). Derzeit für die Erde von besonderem Interesse ist eine 8000 Lichtjahre entfernte Vorstufe einer Supernova, ein Wolf-Rayet-Stern namens WR104. Seine Achse ist so ausgerichtet, dass im Falle einer Supernova-Explosion (diese ist irgendwann innerhalb der nächsten 100 000 Jahre zu erwarten) der GRB ziemlich genau in Richtung Erde zielen würde (Tuthill et al., 2008).

Veränderungen der globalen Lebensbedingungen, die zu den historisch gesicherten Auslöschungsereignissen führten, müssen keineswegs immer identisch gewesen sein mit Umweltstressoren, die genomische Entwicklungsschübe (und damit letztlich die Entstehung neuer Arten) zur Folge hatten. In Einzelfällen kann ein und dasselbe Ereignis durchaus sowohl eine Massenextinktion als auch einen Entwicklungsschub ausgelöst haben, dies muss aber nicht immer der Fall gewesen sein. Ereignisse, die ein Massensterben von Arten auszulösen vermochten, müssen keineswegs auch zwangsläufig einen Entwicklungsschub angestoßen haben – und umgekehrt. Festzuhalten aber bleibt: Sowohl der Artenuntergang als auch die evolutionäre Entwicklung des Genoms zeigen – entgegen dem zentralen darwinistischen Dogma – weder einen gleichmäßigen noch einen kontinuierlichen Verlauf, sondern jenes Muster, das Stephen J. Gould einst als »punctuated equilibrium«, als Wechsel zwischen punktuellen Veränderungsphasen und langen Perioden biologischer »Stasis«, bezeichnet hat.

Veränderung der »genomischen Architektur« II: Zwischen »Zufall« und biologischer Bahnung

Manche, die außerhalb des biologischen Diskurses stehen, werden es mit Verwunderung zur Kenntnis nehmen: Der Zufall gehört zu den brisantesten Themen der Biologie. Von den Gralshütern des Darwinismus wird er wie eine Reliquie gehegt. Die Motive, die diesem Beharren zugrunde liegen, sind zwar historisch nachvollziehbar, doch die guten Gründe, die es einst gab, den Zufall zum ehernen Prinzip der Evolution zu erheben, haben sich mittlerweile nicht nur überlebt, sie sind zu einer dogmatischen Erkenntnisbremse verkommen, die es aufzubrechen gilt. Seine historische Brisanz verdankt »der Zufall« der Tatsache, dass sich die Evolutionslehre Charles Darwins im 19. Jahrhundert gegen etablierte antiwissenschaftliche Dogmen durchsetzen musste, die mit dem Kern des Christentums zwar nicht das Geringste zu tun hatten (und haben), von den Kirchen aber einst erbittert verteidigt wurden. Während die katholische Kirche ebenso wie die europäischen protestantischen Kirchen heute den Begriff »Schöpfung« nur noch metaphorisch verstehen (das heißt so, wie er möglicherweise ursprünglich auch von den biblischen Autoren gemeint war) und sich mit der Tatsache der Evolution versöhnt haben, halten fundamentalreligiöse evangelikale Fanatiker in den USA an der irrationalen Vorstellung aus vergangenen Zeiten fest, die Welt und alles Leben in ihr seien vor wenigen tausend Jahren in sechs Tagen erschaffen worden und würden seither von Gottes Hand gelenkt. Charles Darwin und die ihm nachfolgende junge Wissenschaft der Biologie hatten – beim damaligen Kenntnisstand – nur eine einzige rationale Option, die sie diesem kirchlichen Dogma entgegensetzen konnten: das Prinzip »Zufall«. So postulierten Darwin und die Biologen in seinen Fußstapfen das eherne Gesetz, Veränderungen des biologischen Substrats seien Zufallsprozesse. Die einzige gestaltende Kraft der Natur sei »die Selektion«, die auswähle, was überleben könne. Die Angst, der Religion ein neues Einfallstor in die Biologie zu eröffnen (eine solche Entwicklung wäre in der Tat fatal und muss verhindert werden), hat dazu geführt, dass jeder geäußerte Zweifel am evolutionären Zufallsprinzip heute die

Gefahr der Exkommunikation aus der wissenschaftlichen Gemeinde nach sich zieht. Insoweit hat sich der Darwinismus – kurioserweise – inzwischen dem gleichen Dogmatismus verschrieben wie seine religiösen Gegner.

Was wissen wir aus heutiger Sicht über die Frage, inwieweit das, was im Rahmen genomischer Umbauprozesse passiert, »Zufall« ist? Klar ist bis hierher nur, dass die *Zeitpunkte*, zu denen sich die Architektur von Genomen ändert, nicht zufällig sind. Was aber passiert, wenn eine solche Reorganisation anläuft? Sind Regeln erkennbar (oder nicht), die dieses Geschehen strukturieren?

Dabei sind drei Prozesse näher in Betracht zu ziehen. Die erste Frage lautet: *Welche* Gene werden von den Werkzeugen des genomischen Umbaus, den Transpositionselementen, aufgegriffen, dupliziert oder an andere Positionen versetzt? Und *wohin* werden diese Gene (oder ihre Kopien) innerhalb des Genoms transportiert? Die zweite Frage betrifft die Bedeutung der Mutationen, also jener punktartigen Veränderungen der DNS, bei denen ein Baustein durch einen anderen ersetzt und der »Text« der DNS entsprechend revidiert wird. Zufällig auftretende Mutationen dieser Art sollten gemäß darwinistischer Sicht zu neuen Arten führen. Welche Rolle kommt ihnen im neuen Modell zu? Die dritte und letzte Frage lautet: Werden neu entstandene Gene von der Zelle tatsächlich auch – sozusagen automatisch – in Betrieb genommen, oder stehen ihr Möglichkeiten zur Verfügung, von vorhandenen Genen keinen Gebrauch zu machen? Zwei Vermutungen können bereits an dieser Stelle vorab bestätigt werden: Zum einen ist der gegenwärtige Erkenntnisstand noch weit davon entfernt, die drei gestellten Fragen erschöpfend beantworten zu können. Zum anderen werden wir es nicht mit einer Alternative zwischen reinem »Zufall« und strikter »Determination« (und schon gar nicht mit einem irrationalen Konstrukt wie irgendeiner Art von »Vorsehung« oder »Design«) zu tun haben. Was uns begegnen wird, ist ein dynamischer, dabei aber keinesfalls beliebiger oder chaotisch-zufällig verlaufender Prozess (welcher allein durch die Selektion »geordnet« würde).

Wie zufällig (oder nicht) ist es, *welche* Gene von den Transpositionselementen aufgegriffen und *wohin* sie durch diese innerhalb des Genoms verpflanzt werden? Transpositionselemente verrichten, wenn die Zelle sie erst einmal »von der Leine gelassen« hat, ihre Duplikationstätigkeit keineswegs nach dem Zufallsprinzip. Vielmehr werden sie von der Zelle *in hohem Maße selektiv* eingesetzt.[104] Die Selektivität zeigt sich in mehrfacher Hinsicht. Ein erstes Selektionskriterium ist: *Die Zelle lässt sich – wenn sie die genomische Architektur verändert – bevorzugt, und das heißt selektiv, solche Gene duplizieren, die sie in großem Umfang benutzt.*[105] Dies beruht unter anderem darauf, dass Transpositionselemente zum Zwecke der Genduplikation an der Boten-RNS (also an der RNS-Kopie eines Gens, siehe Seite 37) ansetzen können und diese – sozusagen rückwärts – wieder in DNS umschreiben (Fachbezeichnung: reverse Transkription).[106] Auf diese Weise hergestellte DNS kann von den Transpositionselementen ins Genom eingebaut werden – und fertig ist die Genverdopplung.

104 Grover et al. (2003), Shapiro (2005).

105 Versteeg et al. (2003), Shapiro und Sternberg (2005).

106 Esnault et al. (2000), Cao et al. (2006).

Warum aber ist dieses Vorgehen selektiv? Die Antwort lautet: Nur *aktive* Gene produzieren Boten-RNS. Dies bedeutet, dass Gene, welche die Zelle stärker »benutzt«, das heißt stärker abliest und in Boten-RNS überschreibt, auch zu bevorzugten Objekten von Transpositionselementen und von diesen vorrangig dupliziert werden.[107] Dass dies eine weit genialere Evolutionsstrategie darstellt als das vom Darwinismus zum Heiligtum erklärte Zufallsprinzip, liegt auf der Hand. Welche enorme Rolle gerade dieser Mechanismus auch für die Evolution des Menschen gespielt haben muss, zeigt sich daran, dass zwischen 15 und 25 Prozent aller heutigen menschlichen Gene auf dem soeben dargestellten Wege der reversen Transkription entstanden sind.[108]

---

107 Dieses Selektionsmuster gilt nicht nur für Transpositionselemente (TEs) wie »selbstständige Einheimische«/LINE-1 oder »eingebürgerte Virale«/LTR (siehe Anhang 1, S. 190f.), die an der Boten-RNS ansetzen können, sondern im Prinzip auch für TEs, die nicht an der Boten-RNS, sondern direkt am Gen ansetzen. Denn TEs, die primär an der DNS ansetzen, können bevorzugt dort aktiv werden, wo die DNS aktiv ist, also in »entknäuelter« Form vorliegt (Shapiro, 2005; siehe auch Coghlan et al., 2005). TEs, die direkt am Gen ansetzen, sind zum einen die »eingebürgerten Gypsies«/DNS-Transposons, zum anderen »selbstständige Einheimische«/LINE-1. Letztere können also beides, sowohl an der Boten-RNS als auch am Gen direkt eingreifen. »Unselbstständige Einheimische«/Alu fahren dabei sozusagen huckepack mit, denn sie sind für ihre Tätigkeit angewiesen auf Enzyme, die von LINE-1-Elementen hergestellt werden.

108 Durch Transpositionselemente aus Boten-RNS hergestellte Genduplikationen lassen sich im Genom aus folgendem Grunde erkennen: »Normale« (das heißt nicht durch reverse Transkription entstandene) Gene sind im Erbgut als DNS-Teilstücke (sogenannte Exons) aneinandergereiht, wobei die Exons eines solchen Gens durch eine Art Abstandhalter (durch sogenannte Introns, bestehend aus nicht zum Gen gehörender DNS) voneinander getrennt sind. Wenn ein Gen abgelesen wird, werden die Abstandhalter aus der RNS-Kopie herausgetrennt (ein als Splicing bezeichneter Vorgang), so dass die fertige Boten-RNS den fortlaufenden Gentext (ohne Abstandhalter bzw. ohne Introns) enthält. Wird eine solche Boten-RNS nun durch Transpositionselemente (TEs) in DNS zurückübersetzt und wird diese DNS dann von den TEs ins Genom eingebaut, dann fehlen diesem duplizierten Gen die Abstandhalter: Ein solches Gen ist »Intron-los«, was auf 15 bis 25 Prozent aller menschlichen Gene zutrifft (Emerson und Long, zitiert nach Brosius, 2003; Shapiro, 2005).

Auch *wohin* Transpositionselemente die mit ihrer Hilfe duplizierten Sequenzen innerhalb des Genoms verfrachten (das heißt, wo sie »inserieren«), ist nicht dem Zufall überlassen.[109] Darauf verweisen mehrere Anhaltspunkte, die ich im Anhang 2 (Seite 192 ff.) aufgeführt habe.

Zusammenfassend kann als gesichert festgehalten werden, dass von Zellen veranlasste, mit Hilfe der Transpositionselemente durchgeführte (Selbst-)Veränderungen der genomischen Architektur kein völlig wahlloses, dem reinen Zufallsprinzip unterliegendes Phänomen sind.[110] Dies gilt sowohl für die genetischen Objekte, die von Transpositionselementen aufgegriffen werden, also auch für die Orte, an denen die von ihnen duplizierten Sequenzen wieder abgelegt werden. *Auch wenn – bezüglich der Veränderungen der genomischen Architektur entlang der Evolution – die Annahme eines determinierten Geschehens völlig abwegig wäre, so sind doch intrinsische biologische Regeln erkennbar, die dem Geschehen im Sinne einer Bahnung eine Richtung geben.*

Diese Feststellung wird durch eine besonders interessante Beobachtung, die sich aus der Sequenzierung des Genoms des Menschen und der Maus ergeben hat, gestützt: Zur großen Überraschung der beteiligten Forscher zeigten beide Genome nicht nur gemeinsame Aktivitätsmuster von Transpositionselementen, die auf eine Zeit *vor* der Trennung der beiden Spezies vor etwa 100 Millionen Jahren zurückgehen (diese schon erwähnte sogenannte Syntenie, also die in beiden Linien seither gewahrte genetische

---

109 Siehe dazu auch Shapiro (2005), dort Tabelle 1.

110 Shapiro (2005).

Ordnung, ist bereits *per se* ein schwerwiegender, dem Prinzip *zufälliger* Veränderungen widersprechender Befund!). Noch weitaus ungewöhnlicher aber war, dass Aktivitäten der Transpositionselemente, die eindeutig aus einer Zeit *nach* der Trennung von Mensch und Maus stammen, ebenfalls ein ähnliches Muster zeigen.[111]

Die Bedeutung von Punkt-Mutationen (Single Nucleotide Polymorphisms/SNPs)

Die von der Evolution gewählte Strategie, vorzugsweise viel produzierte – weil besonders benötigte – Genprodukte zum Ausgangspunkt von Duplikationen der dazugehörigen Gene zu machen, ist zweifellos genial. Andererseits wäre es wenig ergiebig, bereits vorhandene Gene eins zu eins zu duplizieren, das heißt lediglich »mehr vom Gleichen« herzustellen. Tatsächlich bleibt es auch keineswegs bei einer Duplikation als solcher. Vielmehr werden die Duplikate Veränderungen der verschiedensten Art unterworfen.

Zu ersten wesentlichen Modifikationen kommt es oft bereits während des Duplikationsvorganges selbst: Als Ganzes duplizierte Gene können durch ihre Wiedereinfügung ins Genom unter das Regime neuer Genschalter geraten, welche die Aktivität des Genduplikats in anderer Weise regulieren, als dies beim Original der Fall war. Veränderungen können sich außerdem dadurch ergeben, dass Gene oder Teile eines Gens – nach Duplikation – mit einem an-

---

111 Mouse Genome Sequencing Consortium (2002), S. 553–555, siehe auch Figur 12; außerdem: Shapiro und Sternberg (2005), S. 13 und 15.

deren Gen zu einem neuen Gen fusioniert werden, dessen Genprodukt im Stoffwechsel des jeweiligen Organismus dadurch möglicherweise erweiterte – oder gänzlich neue – Funktionen übernehmen kann.

Doch auch eine weitere, *sekundäre*, dem Vorgang der Duplikation erst später nachfolgende Veränderung ist von großer Bedeutung: In den Duplikaten kann es zu Umgestaltungen im »Text« der DNS kommen, indem jeweils ein Einzelbaustein (Nukleotid) durch jeweils einen anderen ersetzt wird. Ein Vorgang dieser Art ist das, was traditionell als Mutation oder Punktmutation bezeichnet wird (in der Fachsprache »Single Nucleotide Polymorphism« oder SNP). Aus solchen Mutationen können sich für das betroffene Gen sowohl Funktionsverluste als auch neue, interessante biologische Eigenschaften ergeben.

Mutationen von Gen-Einzelbausteinen spielen im (neo-) darwinistischen[112] und soziobiologischen Dogma[113] in zweifacher Hinsicht eine zentrale Rolle: Zum einen wird, wie schon erwähnt, angenommen, Mutationen des Erbgutes seien ausschließlich Zufallsereignisse. Zum anderen wird die Meinung vertreten, die addierten Effekte zahlrei-

---

112 Darwin nahm in seinen beiden Hauptwerken (1859, 1871) eine Doppelposition ein: Einerseits glaubte er, Veränderungen des biologischen Substrats (»variations«) träten zufällig auf, und eine steuernde Funktion komme lediglich der Selektion zu. Andererseits pflichtete er wiederholt Jean-Baptiste de Lamarck bei und hielt es für möglich, dass sich über Generationen hinweg besonders stark in Anspruch genommene physiologische Funktionen in Veränderungen im Erbgut (»varietations«) niederschlagen könnten (Darwin, 1859, S. 111; Darwin, 1871, S. 36 und 67). Darwin hatte hier wohl intuitiv das Richtige erkannt: Beobachtungen der modernen Gen- und Genomforschung (insbesondere die Transpositionselemente und das System der RNA-Interferenz betreffend) nähern die Biologie heute wieder ein Stück weit den Positionen Lamarcks an.

113 Kutschera und Niklas (2004).

cher Mutationen an vielen Genen seien die *primäre* biologische Grundlage der Artenentwicklung bzw. der Entstehung neuer Spezies. Beides ist angesichts vorliegender Erkenntnisse nicht haltbar. Richtig ist, dass Mutationen (SNPs) einen – allerdings *sekundären* – Beitrag zur Artenentwicklung leisten. Als falsch jedoch hat sich, wie wir wissen, erwiesen, dass sich Mutationen im Genom ausschließlich nach dem Zufallsprinzip ereignen. Zellen lassen dies nicht zu.

Eine Analyse des Erbgutes mehrerer Spezies – das des Menschen eingeschlossen – zeigt, dass Mutationen über das Erbgut in hohem Maße ungleichmäßig auftreten[114], was bereits *per se* bedeutet, dass sie nicht allein dem Zufallsprinzip geschuldet sein können (sonst wäre eine aufs große Ganze gesehen halbwegs gleichmäßige Verteilung von Mutationen im Genom zu erwarten). Abschnitten des Genoms, die vor Mutationen in einem signifikanten Ausmaß geschützt sind, stehen andere Bereiche gegenüber, in denen Mutationen des Textes der DNS gehäuft sind. Relativ geschützt sind offenbar Regionen mit aktiven Genen.[115] Andere Regionen des Genoms zeigen dagegen eine erhöhte Mutationsrate, wobei sich, wie erwähnt, auch in dieser Beziehung der überaus überraschende Befund zeigte, dass im Maus- und Menschengenom – *nach* der Trennung von

---

114 International Human Genome Sequencing Consortium (2001), Mouse Genome Sequencing Consortium (2002), S. 553: »The densitiy of SNPs varies considerably across the genome.«

115 Regionen des Genoms mit einem erhöhten Anteil der Genbausteine G und C (dies entspricht Regionen mit einer höheren Gendichte) sind gegenüber Mutationen, die eine Konversion G oder C zu A oder T nach sich ziehen, in besonderem Maße geschützt (International Human Genome Sequencing Consortium, 2001).

(späterer) Maus und (späterem) Mensch! – teilweise gleichartige (homologe) Bereiche des Genoms zu Orten von erhöhter Mutationstätigkeit wurden.[116]

Besonders interessant ist, dass Zellen, während sie bestimmte Bereiche des Erbgutes besonders gut schützen, andererseits in definierten genomischen Regionen eine teilweise geradezu intensive Mutationstätigkeit zulassen. Ein Paradebeispiel sind Gene, die der Herstellung von Antikörpern (sogenannten Immunglobulinen) des Immunsystems dienen. Antikörper sind, wie alle anderen Genprodukte, Eiweißmoleküle (Proteine). Immunglobulinmoleküle haben zwei Enden mit unterschiedlichen Funktionen. Das eine Ende (in der Fachsprache wird es als Fab-Region bezeichnet) ist dafür zuständig, unterschiedliche Erreger zu erkennen und zu binden (wobei jeweils *ein* Fab-Ende *einen* Erreger erkennt). Das andere Ende (in der Fachsprache die Fc-Region) ist bei allen Antikörpern gleich, es dient dazu, die Antikörper wieder »einzusammeln«, nachdem sie ihren jeweiligen Erreger (das Antigen) gebunden haben.

Wie löst die Zelle nun das Problem, Eiweißmoleküle herzustellen, deren *eines* Ende bei allen gleich zu sein hat, deren *anderes* Ende aber eine größtmögliche Vielfalt von Antikörper zu Antikörper bieten soll? Gene von Immunglobulinen bestehen aus mehreren Genabschnitten (Exons), die im Genom durch die erwähnten »Abstandhalter« (die auch aus DNS bestehen, selbst aber nicht zum Gen gehö-

116 Mouse Genome Sequencing Consortium (2002), S. 553 und 555. Merkwürdigerweise führen einige (nicht alle!) der Mutationen, die in beiden Genomen (Mensch und Maus) an homologen Stellen auftreten, in beiden Spezies zu ähnlichen Erkrankungen. Gemäß darwinistischer Theorie hätten 100 Millionen Jahre ausreichen müssen, um dieses Problem via Selektionsdruck zu beseitigen.

ren) voneinander getrennt sind.[117] Bei der Herstellung eines Antikörpers werden verschiedene Exons so abgelesen, dass *ein* Antikörpermolekül gebildet wird, dessen beide Enden ihre Herkunft jeweils einem der Genabschnitte verdanken. Der für das konstante Ende des Antikörpers zuständige Genabschnitt ist selbst auch konstant (hier hält die Zelle Mutationen so niedrig wie möglich).[118] Der für die Fab-Region des Antikörpers zuständige Genabschnitt liegt in wandelbarer Weise vor: Die Zelle »erlaubt« in diesen variablen Gensegmenten eine Mutationstätigkeit, die gegenüber dem Rest des Genoms um das über Zwanzigfache erhöht ist.[119] Antikörper produzierende Zellen waren also in der Lage, in unterschiedlichen Abschnitten des Genoms beides sicherzustellen: genetische Stabilität und Flexibilität.

Eine von Zellen in bestimmten Bezirken des Genoms aktiv zugelassene, erhöhte Mutationstätigkeit findet sich nicht nur bei Genen, die der Herstellung von Antikörpern dienen. Im Hinblick auf die Evolution besonders interessant ist, dass die Zelle bei Genen, die durch Transpositionselemente dupliziert wurden, im Bereich der Duplikate eine grundsätzlich erhöhte Mutationsrate zulässt (die Mutationsraten liegen hier teilweise sogar noch über denen der Antikörpergene[120]). Noch ist völlig unklar, über

---

117 Bei der Evolution der zahlreichen Genabschnitte, die für die Antikörperbildung zuständig sind, waren ebenfalls Transpositionselemente beteiligt (Shapiro, 2005).

118 Ich habe die Tatsache, dass Antikörper aus zwei Ketten (»Heavy« und »Light Chain«) bestehen, hier der Verständlichkeit halber bewusst weggelassen, ebenso die genauere Aufzählung der für die Herstellung der beiden Ketten notwendigen Sequenzen (Exons) V (»Variable«), J (»Join«) und D (»Diversity«).

119 International Human Genome Sequencing Consortium (2001, 2004).

120 Eichler (2005), Demuth et al. (2006). Evan Eichler (2005) beziffert die Mutationsrate von duplizierten Sequenzen mit 2,7 Prozent, was sogar deutlich über der Rate der Immunglobulin- und Histokompatibilitätsgene liegen würde, die

welche Mechanismen die Zelle verfügt, um die Mutationstätigkeit zu kontrollieren und in verschiedenen Bereichen des Genoms unterschiedlich zu justieren.

Für die Erkennung und Korrektur von Punktmutationen stehen molekulare Reparaturmechanismen bereit, die zum Standardrepertoire der Zelle gehören und seit längerem bekannt sind. Am wahrscheinlichsten erscheint es, dass die Zelle Möglichkeiten hat, diese molekulare Reparaturkontrolle zu verschärfen und die Mutationsrate damit aktiv unter den Durchschnitt zu senken (was sie vermutlich bei vital bedeutsamen Genen wie den Hox-Genen und anderen wichtigen Sequenzen tun dürfte). Eine in bestimmten Arealen des Genoms gezielt *erhöhte* Mutationsrate müsste – falls diese Annahmen zutreffen – demnach auf einer Lockerung des Überwachungsmechanismus beruhen. Aufgrund welcher molekularen Mechanismen die Zelle dies in bestimmten Regionen des Genoms selektiv zulassen kann, ist bislang völlig unklar. *Dass* sie es kann, steht fest. Dass sie im Rahmen von genomischen Umbauprozessen entstandene Genduplikate für eine gezielte Mutationstätigkeit freizugeben vermag, ist ein weiteres geniales Stück Evolutionsstrategie, denn es ermöglicht – unter Bewahrung des alten Bestandes! – die Entwicklung von Varianten.[121]

---

mit etwas über 2 Prozent angegeben wurde (International Human Genome Sequencing Consortium, 2004).

121 Ein bemerkenswerter Fall einer möglicherweise ebenfalls gerichteten (also nicht rein zufälligen) Mutationstätigkeit sind mexikanische Höhlenfische (*Astyanax mexicanus*), die seit etwa einer Million Jahren in Höhlen leben und sich in dieser Zeit – über drei unabhängig voneinander eingetretene Mutationen, also drei Mal unabhängig voneinander! – von zuvor sehenden zu blinden Fischen entwickelt haben (Prostas et al., 2007). Warum haben sich nicht auch einige sehende Exemplare erhalten? Aus welchem Grund es einen Selektionsvorteil darstellen

Komplexitätszuwachs durch »Exaption«: Biologische Kreativität versus Selektionsdruck

Was lehrt uns der Blick in die »Werkstatt der Evolution«? Biologische Systeme – einzellige Lebewesen, Pflanzen und Tiere – haben ein in ihnen selbst liegendes Potenzial, ihre genomische Architektur nach eigenen Regeln zu vergrößern und komplexer zu gestalten. Sie tun dies, indem sie – das ist der *primäre* Vorgang – Teile des vorhandenen Genom-»Inventars« zunächst duplizieren und die Duplikate anschließend modifizieren.

Die erst in den letzten Jahren gelungene Aufdeckung dieses kreativen evolutionären Potenzials lebender Systeme[122] macht jetzt erstmals verständlich, wie und warum die Evolution von einem *Komplexitätszuwachs* lebender Organismen begleitet war und ist. Mittels der (neo-)darwinistischen Prinzipien der Evolution, nämlich Zufallsmutationen und natürliche Auslese, ließ sich das Phänomen des Komplexitätszuwachses nie erklären. Die Annahme, Zufallsmutationen hätten aus einem einzelligen Lebewesen einen vielzelligen, vermehrungsfähigen Organismus mit Körperbauplan entstehen lassen können, gleicht der Erwar-

---

sollte, bei wenig Licht blind zu werden, ist unklar. Das Argument der Energieeinsparung kann nicht überzeugen, da sich die Evolution auch an anderer Stelle nicht als Energiesparverein erwiesen hat. Der Autor spricht daher von der »power of a well defined environment to repeatedly direct evolution«, der Macht einer definierten Umwelt, der Evolution eine Richtung zu geben (Borowsky, 2008). Interessanterweise führte die Kreuzung von Fischen, die aufgrund *unterschiedlicher* Mutationen blind geworden waren, wieder zu sehenden Fischen.

122 Auf das durch den Darwinismus nicht erklärte Phänomen der Kreativität entlang der evolutionären Entwicklung verwies Anfang des 20. Jahrhunderts bereits der französische Philosoph und Nobelpreisträger für Literatur des Jahres 1927, Henri Bergson (Bergson, 1907).

tung, es bilde sich – nach dem Zufallsprinzip – schließlich ein Wolkenkratzer, wenn man die dazu notwendigen Komponenten nur oft genug auf einen Haufen schütte. Wenn der Selektionsdruck maximale Selbstvermehrung begünstigt und wenn Gene »egoistisch« sind, wie konnte es dann jemals zur Entstehung von – im Vergleich zu teilungsintensiven Bakterien – derart fortpflanzungsschwachen Exemplaren wie den Säugetieren kommen?

Eine der bedeutsamen Lehren aus den neuen Erkenntnissen ist: Die Evolution lässt weit mehr *überlebensfähige* und tatsächlich *überlebende* Varianten entstehen, als vom Selektionsdruck gefordert wäre oder durch Selektionsdruck erklärt werden kann. Sie leistet sich sozusagen einen selbst geschaffenen, riesigen »Spielraum«, in welchem sie Entwicklungen von Varianten und Interaktionen des Neuen mit dem, was bereits Bestand war, zulässt. Molekulare Grundlage dieses Prinzips ist die sogenannte Exaption[123], das heißt die Tatsache, dass genomische Entwicklungsschübe eine Vielzahl neuer Gene und Genkombinationen hervorbringen, die weit über das hinausgehen, was zum besseren Überleben unmittelbar notwendig wäre, die sich aber möglicherweise – zu einem sehr viel späteren Zeitpunkt – noch als nützlich erweisen. »Gene im Wartestand« spielten auch bei der Entwicklung der genomischen Körperbaupläne (»body plans«) eine Rolle.[124] Das Phänomen der Exaption führt all jene Standardrechtfertigungen und gewohnheitsmäßigen Ehrbezeugungen gegenüber dem Selektionsprinzip ad absurdum, die sich in zeitgenössi-

123 Brosius (2005). Siehe auch Cooper et al. (2007).

124 Knoll und Carroll (1999).

schen wissenschaftlichen Publikationen mit absoluter Regelmäßigkeit finden lassen (derart, dass dieses oder jenes gefundene biologische Phänomen nur habe entstehen und bestehen können, weil es einen Selektionsvorteil bedeutet habe[125]).

Was unterscheidet ein Dogma von einer Theorie? Zu den Kennzeichen eines *Dogmas* gehört, dass es sich durch Fakten, die ihm widersprechen, nicht irritieren lässt. Widersprüche werden von dogmatischen Glaubenssystemen entweder ignoriert, als Unverstand zurückgewiesen oder zu Ausnahmen deklariert. In seltenen Fällen wird das Dogma minimal erweitert. Zu den Merkmalen einer guten *Theorie* gehört demgegenüber, dass sie für noch unbekannte Sachverhalte Vorhersagen machen kann, die sich später, sobald die jeweilige Angelegenheit direkt untersucht und bewiesen (bzw. widerlegt) werden kann, als richtig (oder falsch) erweisen.

Im Falle Darwins lassen sich – im Gegensatz zu seiner unangefochtenen Abstammungslehre – mehrere auf seiner Theorie gründende Vorhersagen nicht mehr aufrechterhalten, unter ihnen: die Entwicklung von Arten durch langsam-kontinuierliche, zufällige Veränderungsprozesse; der

---

125 Selektion und Selektionsdruck werden dabei in beliebiger Weise oft sowohl für einen Sachverhalt als auch für sein Gegenteil in Anspruch genommen, wofür es unzählige Beispiele gibt. Am amüsantesten sind die Widersprüche im »Egoistischen Gen« von Richard Dawkins (Dawkins, 1976/2004): Einerseits sorge die »kin selection« (also das Interesse, die Gene seiner Verwandten mehr zu schützen als die anderer) für Familienzusammenhalt (Dawkins, S. 156). Gleichzeitig sorge das Prinzip der »egoistischen Gene« aber auch dafür, dass Kinder einen Selektionsvorteil hätten, wenn sie ihre Eltern maximal betrögen – und ebenso die Eltern, wenn sie das Gleiche mit ihren Kindern täten (Dawkins, S. 206 ff., S. 218). Man kann nur hoffen, dass die Selektion angesichts dieser Widersprüche die Übersicht behält.

Kampf der Arten ums Überleben als Teil der Selektion; Artenuntergang durch kontinuierliches Aussortieren derer, die sich im Kampf nicht behaupten oder weniger Nachkommen als andere zeugen; Selektion (im Sinne des darwinistischen Konstrukts) als alleiniges Gestaltungsprinzip der Evolution. Nachdem sich die Hinweise auf die Notwendigkeit einer grundlegenden Korrektur der darwinistischen Theorie häufen, vollzieht sich der Wechsel von der Theorie zum Dogma. Dass wissenschaftliche Daten von zahlreichen Gutachtern maßgeblicher internationaler Fachzeitschriften nur dann zur Veröffentlichung angenommen werden, wenn sie von den Autoren im Sinne der darwinistischen Lehren interpretiert (oder uminterpretiert) werden, kann nicht mehr als eine vorübergehende, behelfsweise Überlebensstrategie zur Aufrechterhaltung dieses Dogmas sein.

»Evolution live«: Ein besonderer afrikanischer Fisch

Zu den erstaunlichsten Akteuren der Evolution gehört eine Gruppe von kleinen Fischen. Die Rede ist von den Buntbarschen im afrikanischen Victoriasee. Dieser zweitgrößte Süßwassersee der Welt, in einer geologisch unruhigen Gegend zwischen zwei Grabenbrüchen der Erdkruste gelegen, entstand vor etwa 400 000 Jahren, nachdem Erdbewegungen den Lauf eines Flusses versperrt hatten. Da der See mit durchschnittlich vierzig, maximal achtzig Metern nicht sehr tief ist und in einer seit langem klimatisch eher heißen Zone liegt, war er seit seinem Bestehen fortlaufenden ökologischen Schwankungen ausgesetzt, die für die in ihm lebenden Fische einen fortwährenden Stressor darstellten. Ereignisse mit massenhaftem Fischsterben waren häufig.[126] Dreimal war der See komplett ausgetrocknet, zuletzt vor etwa 16 000 Jahren. Erstaunlich ist: Der See beherbergt heute über 500 Buntbarscharten (Cichliden).[127] Selbst wenn man annimmt, viele Arten hätten die drei Austrocknungen in kleinen Refugien oder in zufließenden Wasserläufen überlebt, so bleibt doch der Umstand, dass sich innerhalb von nur 400 000 Jahren (möglicherweise sogar in einer deutlich kürzeren Zeit) über 500 Arten entwickeln konnten, ein erstaunliches Faktum (zumal die Fische ein ausgesprochen komplexes Sozial-, Paarungs- und Brutpflegeverhalten zeigen).

Wie konnten im Victoriasee in – nach evolutionären Maßstäben – so kurzer Zeit derart viele Buntbarscharten entstehen? Nach klassischer darwinistischer Theorie soll der durch die widrigen Umstände erzeugte Selektionsdruck – aufgrund der gegebenen, besonders strengen Auslese – nur jenen Fischen ein Überleben ermöglicht haben, die (zufällig) sehr viele Punktmutationen in ihren Genen aufwiesen. In der Sprache des Darwinismus: Ein hoher Selektionsdruck habe viele Mutationen erzwungen und dadurch diese rasche Entwicklung einer besonders großen Zahl von Arten ermöglicht. Eine kürzlich durchgeführte, sorgfältige Analyse von über 40 000 Genabschnitten des

---

126 Ochumba (1990).

127 Meyer (2001), Turner (2007). Die Artenvielfalt der Cichliden ist allerdings durch neuzeitliche ökologische Schädigungen gefährdet (vor allem durch eine von Menschen eingeführte neue Wasserpflanze sowie durch ebenfalls vom Menschen ausgesetzte neue Fischarten).

Buntbarsches[128] ergab jedoch lediglich 69 Gensequenzen mit einer Mutationsrate, die über dem Durchschnittswert anderer Fische lag (213 Genstücke hatten sogar eine deutlich geringere Mutationsrate). Ohne jede Frage sind die 69 gefundenen mutationsintensiven Genabschnitte von Bedeutung. Doch wird auch hier die ausschließliche Berücksichtigung der Gene (die auch bei diesen Fischen nur einen kleinen Teil des Genoms ausmachen dürften) den ungeheuren Entwicklungsschub kaum erklären können, der innerhalb von wenigen 100 000 Jahren über 500 Arten entstehen ließ.

Eine Analyse des gesamten Buntbarschgenoms ist angekündigt[129], liegt aber zurzeit (Dezember 2009) noch nicht vor. Sie sollte – dies wäre meine Vorhersage – einen hohen Prozentsatz an evolutionär jungen Transpositionselementen zeigen. Der Grund: Es ist anzunehmen, dass der seit der Entstehung des Victoriasees anhaltende existenzielle ökologische Stress die Genome der Buntbarsche zu wiederholten massiven genetischen Entwicklungsschüben mit intensiver Duplikation und Rekombination genetischen Materials gezwungen hat.

---

128 Salzburger et al. (2008). Nicht alle in dieser schönen Studie untersuchten Gene sind qualitativ charakterisiert. Es handelt sich um eine Analyse von Sequenzstücken (sogenannten Expressed Sequence Tags/ESTs), von denen man weiß, dass sie tatsächlich abgelesenen Genen zugeordnet werden können.

129 Cichlid Genome Consortium (2007).

7 Der Weg der Säugetiere: Vom »Eomaia« zum Menschen

Warum der Mensch so wurde, wie er ist, kann – da aus wissenschaftlicher Sicht nichts für ein vorab determiniertes evolutionäres Geschehen spricht – von der Biologie nicht beantwortet werden. Klar ist lediglich, wie sich Genome entlang der Evolution entwickelt haben und wie sich der biologische *Spielraum* bildete, der die Genese des Menschen zuließ. Die Basis für die gesamte spätere Entfaltung des Lebens war die Entstehung eines genetischen Programms für die grundlegenden Körperpläne (»body plans«) als Ergebnis der »kambrischen Explosion« vor rund 530 Millionen Jahren. Was damals als rechts-links-symmetrische Lebewesen mit einer ventral-dorsalen, von vorn nach hinten verlaufenden und einer zusätzlichen Körperlängsachse entstand, war das Urmodell aller Lebewesen, die danach ins Dasein traten.[1]

---

1 Natürlich abgesehen von den weiterhin existierenden einzelligen Organismen und den zahlreichen radialsymmetrischen Lebewesen, den sogenannten Cnidariern (zum Beispiel Quallen), die auch heute noch die Erde bevölkern.

Das genomische Programm, welches den Urbauplan bewahrte, blieb in seiner Grundordnung die gesamte seitherige Evolution hindurch stabil. Die grundlegenden Entwicklungsprinzipien waren – für die Körperplangene wie für den gesamten Rest des Genoms – Duplikation und Veränderung der Duplikate.[2] Eine erste, sehr frühe Erweiterung des genomischen Plateaus auf dem Weg zu den späteren Säugetieren waren eine, vermutlich sogar zwei Duplikationen des Gesamtgenoms (»Whole Genome Duplications«, WGD) vor bereits 500 Millionen Jahren.[3]

Es würde hier den Rahmen sprengen, die Entwicklung zu den Säugetieren über die Wirbeltierfische, Knochenfische, Amphibien und Reptilien genauer nachzuzeichnen. Ich wiederhole deshalb nur in knappen Worten einen schon geschilderten Verlauf. Vor etwas mehr als 250 Millionen Jahren trennten sich die Reptilien in zwei Hauptlinien. Aus der einen sollten sich später (vor 200 Millionen Jahren) die ersten Dinosaurier entwickeln, aus der anderen Linie entstanden vor etwa 225 Millionen Jahren erste säugetierähnliche, teilweise bereits warmblütige Minireptilien, Therapsiden genannt. Erste, sehr kleine Säugetiere (mit einem Körpergewicht unter zwei Kilogramm) werden auf eine Zeit vor etwa 200 Millionen Jahren datiert. Säugetiere mit Uterus (Gebärmutter) und Plazenta (Mutterkuchen), die sogenannten Eutheria, werden ab 185 Millionen Jahren vor unserer Zeit vermutet.[4] Das früheste, erst kürzlich entdeckte, vollständig erhaltene Fossil eines solchen Exem-

---

2 Filler (2007).

3 Bengtson (1991), International Human Genome Sequencing Consortium (2001), Coghlan et al. (2005).

4 Archibald (2003).

plars – seine Entdecker gaben ihm den Namen »Eomaia« – datiert aus einer Zeit vor 125 Millionen Jahren.[5] Die »Blütezeit« der Säugetiere, das heißt ihre Artenvermehrung in großem Stil, begann allerdings erst vor rund 90 bis 100 Millionen Jahren.[6] Dies macht deutlich, dass die Entwicklung der Säugetiere bereits lange vor dem Untergang der Dinosaurier (vor 65 Millionen Jahren) angebahnt war. Worin bestanden die genomischen Voraussetzungen für diesen Prozess?

Die Zahl der Gene des Ursäugetiergenoms soll etwas über 19 000 betragen haben.[7] Gegenüber Genomen in früheren Phasen der Evolution zeigt das Säugetiergenom zunächst einen Rückgang des horizontalen Austausches von Genen (das heißt, die in früheren Phasen der Evolution stark entwickelte Bereitschaft, virale oder bakterielle Gene in den eigenen Bestand zu integrieren, war im Säugetiergenom deutlich vermindert).[8] Was den Genbestand von Ursäugetieren gegenüber anderen Tiergruppen (wie zum Beispiel den Reptilien, Amphibien oder Fischen) besonders auszeichnete, war eine – durch Genduplikationen entstandene – Zunahme von Genen des Immun- und des Zentralnervensystems.[9] Besonders stark vertreten waren bei Säugetieren außerdem Gene, deren Produkte den Bo-

---

5 Luo et al. (2007).

6 Archibald (2003), Bininda-Edmonds et al. (2007).

7 Demuth et al. (2006). Den Zeitpunkt eines letzten gemeinsamen Ursäugetiergenoms datieren diese Autoren auf 93 Millionen Jahre vor unserer Zeit. Tatsächlich hatten zu diesem Zeitpunkt aber bereits genomische Prozesse begonnen, die Grundlage der Artendiversifikation der Säuger werden sollten.

8 International Human Genome Sequencing Consortium (2001).

9 International Human Genome Sequencing Consortium (2001).

tenstoff- bzw. Signalaustausch zwischen den Zellen des Körpers regulieren (sogenannte Transmembranproteine).

Die etwa vor 100 Millionen Jahren einsetzende große Artenvermehrung (Radiation) der Säugetiere wurde durch einen massiven Aktivitätsschub von genetischen Transpositionselementen (TEs) ausgelöst, der bereits um 130 Millionen Jahre vor unserer Zeit eingesetzt hatte.[10] Welcher ökologische Stressor diesen Schub hervorgerufen haben könnte, ist bisher nicht bekannt. Als Ursache denkbar – aber unsicher – ist eine in der Kreidezeit (ab 146 Millionen Jahren vor unserer Zeit) aufgetretene massive Erderwärmung.[11] Jedenfalls kam es rund 30 Millionen Jahre nach Beginn des genomischen Entwicklungsschubs zu einer ersten großen Verzweigung der Säugetierspezies.

Interessant ist, welche Art von genomischem Umbau die Transpositionselemente verursachten. Eine genauere Analyse der Genome von Primaten (Menschenaffen), Nagetieren und dem Hund offenbarte, welche Schwerpunkte die Evolution setzte: Was Primaten zu Primaten werden ließ, war unter anderem eine massive Zunahme von Genen des Gehirns (bei gleichzeitiger Abnahme von Genen des Geruchssystems), Nagetiere zeichneten sich zum Beispiel durch eine Vermehrung ihrer Geruchsgene aus, bei Hunden war – neben anderem – eine Zunahme von Genen für Speichelproteine kennzeichnend.[12] Eine Analyse zeigt auch

---

10 Krull et al. (2007). Es handelte sich um sehr alte Transpositionselemente namens »mammalian-wide interspersed repeat elements« (MIR), die Vorläufer der heute noch anzutreffenden Elemente LINE und SINE waren (siehe Anhang 1, Seite 190 f.).

11 Kump und Pollard (2008). Siehe auch Hinweise auf Meeresspiegelveränderungen bei Müller et al. (2008).

12 Demuth et al. (2006).

hier, dass die abgelaufenen genomischen Duplikationsprozesse keineswegs einem Zufallsmuster folgten, sondern – »nonrandom« – eine Schwerpunktsetzung innerhalb des Genoms erkennen lassen. Interessant ist zudem, dass sich bei neu duplizierten Genen wiederum eine gegenüber dem übrigen Genom erhöhte Mutationsrate nachweisen ließ.[13] Die bereits auf Seite 119 f. erwähnte Fähigkeit des Organismus, Teile des Genoms stärker mutieren zu lassen als andere, widerspricht erneut dem darwinistischen Dogma und beweist die Fähigkeit lebender Systeme, beides gezielt zu sichern: Stabilität und Entwicklung.

Je mehr sich die Ereignisse unserer Zeit nähern, desto näher rücken auch die »Schnittstellen«, an denen sich das menschliche Genom mit dem anderer Spezies trifft, und desto präziser lässt sich daher analysieren, welche genetischen Prozesse die Artenentwicklung vorbereiteten. Einblicke ergaben sich dabei sowohl aus einem Vergleich der Genome von Primaten mit denen anderer Säugetiere als auch aus einer Analyse der Unterschiede des menschlichen Genoms im Vergleich zu dem der Primaten. Den Schritt zu den Primaten, aus denen schließlich der Mensch hervorgehen sollte, leitete ein genomischer Entwicklungsschub innerhalb eines Zweiges der Säugetierfamilie ein. Diesen Schub haben Transpositionselemente ausgelöst, die bereits vor 60 bis 80 Millionen Jahren entstanden waren, aber erst vor etwa 40 Millionen Jahren ihre maximale Aktivität entfalteten.[14] Die während dieses Schubes produzier-

13 Demuth et al. (2006).

14 Es handelte sich um Transpositionselemente vom Typ »einheimische Unselbstständige«/SINE (siehe Anhang 1, Seite 190 f.), wobei hier erstmals ein (für Primaten und den Menschen) spezifischer neuer SINE-Typ auftauchte: die Alu-

te Duplikationswelle (mit einer anschließenden intensiven Mutationstätigkeit in den duplizierten Sequenzen) führte vor allem zu einer Vermehrung von Genen, deren Produkte ihre Dienste im Gehirn leisten.[15] Global resultierte für die Primaten eine 15-prozentige Genomzunahme.[16]

Primaten[17] existieren seit mindestens 30 Millionen Jahren. Die Zeitpunkte, an denen sich die Wege der unterschiedlichen Primatenspezies – und schließlich der des Menschen – trennten, werden neueren Untersuchungen zufolge etwas früher datiert als bisher. Die erste Abzweigung, die des Orang-Utans, war bisher auf etwa 13 Millionen Jahre vor unserer Zeit datiert worden[18], könnte aber bereits vor 20 Millionen Jahren stattgefunden haben.[19] Entsprechend könnte es zu der bislang auf rund sieben Millionen Jahre datierten Trennung der Gorillas bereits vor zwölf Millionen Jahren gekommen sein. Die Trennung der Vorfahren des Menschen (der Hominoiden) von Schimpansen und Bonobos, bislang auf fünf bis sechs Millionen Jahre vor unserer Zeit geschätzt, könnte eventuell schon neun Millionen Jahre zurückliegen. Der Weg zur Entwicklung des Menschen wurde, soweit es die Voraussetzungen von-

---

Elemente. Wie alle SINE-, so sind auch die Alu-Elemente auf die Mitwirkung von »einheimischen Selbstständigen«/LINE-Elementen angewiesen, so dass es sich bei den zu den Primaten hinführenden Entwicklungsschüben um eine gemeinsame Aktion von Alu- und LINE-1-Elementen handelte (International Human Genome Sequencing Consortium, 2001, 2004; Mouse Genome Sequencing Consortium, 2003; Li et al., 2001; Roy-Engel et al., 2001; Eichler und Sankoff, 2003; Krull et al., 2007).

15 Demuth et al. (2006).

16 Eichler und Sankoff (2003).

17 »Primaten« im Sinne der sogenannten Anthropoiden.

18 Fortna et al. (2004).

19 Suwa et al. (2007).

seiten der Gene betrifft, zum einen durch spezifische (aber latent gebliebene) Auswirkungen jenes bereits erwähnten genomischen Entwicklungsschubes vorbereitet, der seinen Gipfel vor 40 Millionen Jahren hatte und die Entstehung der Primaten herbeiführte. Zum anderen zeigt das menschliche Genom die Spuren von späteren, wiederum unter Mitwirkung von Transpositionselementen vollzogenen Umbaumaßnahmen der genomischen Architektur, die *spezifisch den Menschen* betrafen und die vor etwa zwei bis fünf Millionen Jahren zum Abschluss kamen.[20]

Das Genom von Mensch und Schimpanse zeigt – was die vorhandenen Gene in beiden Spezies betrifft – eine Identität der DNS-Sequenzen von über 98,7 Prozent.[21] Verantwortlich für die Unterschiede zwischen Mensch und Schimpansen sind jedoch nicht die – durch Punktmutationen verursachten – knapp 1,3 Prozent Sequenzunterschied bei jenen Genen, die beide Spezies gemeinsam besitzen, sondern die Tatsache, dass aufgrund des unterschiedlich abgelaufenen Umbaus der genomischen Architektur beide Spezies in fünf Millionen Einzelfällen – gegenüber der jeweils anderen Spezies – entweder einen Zuwachs oder einen Verlust an genetischem Material zeigen.[22] *Was Menschen und Schimpansen trennt, sind Unterschiede bei Gen-*

---

20 Siehe u. a. Marques-Bonet et al. (2009). Auch diese genomischen Entwicklungsschübe wurden durch LINE-1- und SINE/Alu-Transpositionselemente vollzogen, aber auch »eingewanderte Virale«/LTR-Elemente waren beteiligt (International Human Genome Sequencing Consortium, 2001; Roy-Engel et al., 2001; Brosius, 2005). Jürgen Brosius identifizierte 5000 nur im menschlichen Genom anzutreffende, evolutionär also sehr junge Transpositionselemente (Brosius, 2005).

21 Enard et al. (2002), Perry et al. (2006).

22 Cooper et al. (2007).

duplikationen sowie bei Verlusten genetischer Sequenzen, die in beiden Genomen im Rahmen von genomischen Entwicklungsschüben durch Transpositionselemente verursacht wurden.[23] Dem Genom des Menschen wurden dadurch zwanzig neue Genfamilien beschert (die der Schimpanse nicht hat) gegenüber nur zwei neuen Genfamilien des Schimpansen (die der Mensch nicht hat).[24] Der sich daraus für den Menschen ergebende Zuwachs an Genprodukten betrifft – wen wundert es? – vor allem das Gehirn[25], zusätzlich aber auch die Sinnesorgane und das Immunsystem[26]. Doch nicht alles ging zum Nachteil der Schimpansen aus: Aufgrund einer spezifischen Ausstattung mit immunologisch relevanten Genen sind sie zum Beispiel gegenüber dem Aidsvirus immun.[27]

Duplikationsvorgänge von Gensequenzen, welche die Entwicklung der Primaten und schließlich des Menschen vorbereiteten, zeigen also – wie sich aus dem bisher Dargelegten ergibt – ein Zweiphasenmuster. Dabei führte eine genauere Analyse zu einer interessanten Beobachtung[28]: Die erste, zeitlich weiter zurückliegende Duplikationswelle (vermutlich vor etwa 40 Millionen Jahren) führte unter anderem zur Verdoppelung sehr großer DNS-Sequenzab-

---

23 Fortna et al. (2004), Horvath et al. (2005), Demuth et al. (2006), Perry et al. (2006), Cooper et al. (2007), Marques-Bonet et al. (2009).

24 Demuth et al. (2006).

25 Enard et al. (2002), Fortna et al. (2004), Demuth et al. (2006), Cooper et al. (2007).

26 Perry et al. (2006), Cooper et al. (2007).

27 Schimpansen waren – aus diesem Grunde – das »Reservoir« dieses Virus, bevor es auf den Menschen überging.

28 Mehrere dazu durchgeführte Studien stammen von einer Gruppe um Evan Eichler vom Howard Hughes Institute in Seattle, siehe unter anderem: She et al. (2004), Horvath et al. (2005), Johnson et al. (2006), Perry et al. (2006), Jiang et al. (2007), Wong et al. (2007).

schnitte, die als »segmental duplications« (SD) bezeichnet werden. Diese bildeten dann ihrerseits das genomische Terrain, auf dem sich zu einem späteren, zweiten Zeitpunkt weitere Duplikationsvorgänge – überwiegend einzelne Gene betreffend – ereigneten.

Für beide Aktionen bediente sich das Genom seiner Transpositionselemente. Sowohl die segmentalen Duplikationen als auch die später auf ihrer Grundlage abgelaufenen weiteren, sekundären Kopiervorgänge zeigen innerhalb des Genoms wiederum ein Verteilungsmuster, das nicht auf ein Walten reinen Zufalls hindeutet. Vielmehr lassen sich auch hier »Hot Spots« identifizieren, die zu bevorzugten Orten genomischer Erweiterungsmaßnahmen wurden[29] und einen Genzuwachs vorwiegend in den bereits erwähnten Bereichen Gehirn, Sinnestätigkeit und Immunsystem zur Folge hatten.

Der Mensch: Aus genetischer Sicht ein variantenreiches Wesen

Eines der letzten Geheimnisse, welches kürzlich gelüftet werden konnte, betrifft die Frage, wie gleich Menschen hinsichtlich ihrer Genome sind. Der genetische Abstand des Homo sapiens vom Schimpansen beruht, wie wir wis-

---

29 Segmentale Duplikationen betrafen vor allem Sequenzen, die reich an den DNS-Bausteinen (Nukleotiden) G (Guanin) und C (Cytosin) waren, was bedeutete, dass es sich um Genomabschnitte handelte, die mit Genen angereichert waren (Jurka, 2004). Abgesetzt wurden segmentale Duplikationen vom Genom bevorzugt an den mittleren Einschnürungen von Chromsomen, den Centromeren, und im Bereich der Chromsomen-Enden, den Telomeren (She et al., 2004).

sen, auf fünf Millionen Einzelfällen, in denen genetisches Material – im Vergleich zum Genom der jeweils anderen Spezies – hinzugewonnen oder aufgelöst wurde.[30] Hinzu kommt, dass bei Genen, die Menschen und Schimpansen teilen, 1,3 Prozent aller Einzelbausteine (Nukleotide) einen Unterschied zeigen, was 35 Millionen Punktmutationen entspricht. Diese Tatsache bedeutet einen »sicheren« Abstand der beiden Spezies.

Die Genome innerhalb der Menschheit sind jedoch keineswegs gleich: Im menschlichen Genom lassen sich 3600 Orte finden, in denen sich zwischen einzelnen Menschen unterschiedliche Häufigkeiten (unterschiedliche »copy numbers«) ein und desselben Genabschnitts finden. Diese Unterschiede an jedem der 3600 Orte können darin bestehen, dass bei einem Mensch eine genetische Sequenz völlig fehlt, bei anderen Individuen die gleiche Sequenz in einfacher, bei wieder anderen in mehrfacher Menge vorliegt.[31] Drei Prozent der Bevölkerung zeigen an mindestens 800 jener 3600 Orte des Genoms solche Unterschiede[32], wobei diese Prozentzahl zunimmt, je weniger Orte als Kriterium der Verschiedenheit herangezogen werden. Dies zeigt, dass Menschen in ihrer genomischen Architektur einen beachtlichen Varianzspielraum haben, ein als »copy number variation« (CNV) bezeichnetes Phänomen. Gene, die Unterschiede in der Anzahl der jeweils vorhandenen Kopie aufweisen, sind nicht nach dem Zufallsprinzip verteilt, sondern betreffen genau die mehrfach erwähnten Berei-

30 Cooper et al. (2007).

31 The Human Genome Structural Variation Working Group (Eichler et al., 2007), Wong et al. (2007).

32 Wong et al. (2007).

che, die sich auf dem evolutionären Weg zum Menschen besonders dynamisch entwickelt haben: Gehirn, die fünf Sinne und das Immunsystem.[33]

Zwischen Menschen bestehende individuelle Abweichungen in der Anzahl bestimmter Gene machen uns nicht zu unterschiedlichen Wesen. *Wir sind in allen Merkmalen, die den Menschen zum Menschen machen, gleich.* Die genetischen Differenzen können jedoch in Einzelfällen Einfluss auf bestimmte Krankheitsrisiken haben. So ist zum Beispiel das Produkt des Gens CCL3L1, ein Eiweißmolekül namens MIP-1alphaP, in der Lage, die Bindung des Aidsvirus an das körpereigene Empfängermolekül CCR5 zu blockieren. Aus diesem Grunde senkt das Produkt des Gens CCL3L1 das Aidsinfektionsrisiko. Schimpansen haben acht bis zehn Kopien dieses Gens, Menschen dagegen nur zwischen einer und sechs Kopien.[34] Tatsächlich korrelierte bei Neugeborenen, die aufgrund der Erkrankung ihrer Mütter während der Geburt dem Aidsvirus ausgesetzt waren, eine größere Zahl von Kopien des Gens CCL3L1 mit einer verminderten Erkrankungsrate.[35]

---

33 Außerdem betroffen sind einige Gene des Verdauungssystems. Wong et al. (2007), Cooper et al. (2007).

34 Gonzales et al. (2005).

35 Ob die Tatsache, dass Schimpansen mehr Kopien dieses Gens haben, ausschließlich mit Selektionseffekten erklärt werden kann, ist fraglich. Möglicherweise verhält es sich umgekehrt: dass nämlich spezifische Expositionen im Rahmen eines genetischen Entwicklungsschubes die Kopiezahl bestimmter Gene erhöhen. Expositionen mit bestimmten viralen Erregern können Veränderungen von Genen des Immunsystems zur Folge haben (Niller et al., 2004; Koonin und Dolja, 2006). Jedenfalls ist zweifelhaft, wenn nicht gar unwahrscheinlich, dass die höheren Kopiezahlen dieses schützenden Gens das Ergebnis eines Zufallsprozesses (mit anschließender Selektion) waren.

Ein anderes Beispiel für interindividuelle genetische Unterschiede betrifft ein Gen namens CYP2D6, das eine bedeutende Rolle bei der Entgiftung von pflanzlichen Chemikalien, aber auch von Medikamenten spielt. Dieses Gen ist bei manchen Menschen in mehr als drei Kopien vorhanden (solche Personen entgiften Medikamente derart schnell, dass oft keinerlei Wirkung eintritt), bei anderen wiederum fehlt es völlig (was bei rund 10 Prozent der westlichen Bevölkerung der Fall ist und zur Folge haben kann, dass »normale« Medikamentendosen zu einer Vergiftung führen).[36] Solche »copy number variations« können auch das Risiko bei einigen weiteren Erkrankungen betreffen.[37]

Zusammenfassend lässt sich festhalten: Erst durch die vollständige Aufklärung der Genome des Menschen und weiterer Spezies war es möglich, die genomische Architektur und die Gesetzmäßigkeiten ihrer Entwicklung entlang der Evolution zu entdecken. Genome sind dank zahlloser Informationen, die ihnen vom Gesamtorganismus bzw. von der Zelle zufließen, in der Lage, auf Inputs der verschiedensten Art, insbesondere auf bestimmte Stressoren, zu reagieren, und sie tun dies nicht nach dem Zufallsprinzip, sondern nach Regeln, die in ihnen selbst verankert sind. Die Prinzipien, die bei einem Blick auf die Evolution des Genoms deutlich werden, sind: Kommunikation, Kooperation und Kreativität.

Auch wenn Licht auf die Grundregeln geworfen werden konnte, nach denen Organismen bzw. ihre Zellen ihre genomischen Apparate zu immer komplexeren Systemen

---

36 Bauer et al. (2003), Maier und Zobel (2008).

37 Nunoya et al. (1999), Park et al. (2006), The Human Genome Structural Variation Working Group (Eichler et al., 2007).

entwickelt haben, bleibt vieles zu klären. Zu den wichtigsten Aufgaben wird es zählen, die Auslöser genomischer Entwicklungsschübe besser zu verstehen, vor allem aber zu untersuchen, welche Möglichkeiten Zellen und ihre Genome haben, auf spezifische Umweltsituationen mit einer auf die Bewältigung des jeweiligen Stressors zielenden, also relativ spezifischen Reorganisation ihrer genomischen Architektur zu antworten.

Das darwinistische bzw. soziobiologische Dogma jedenfalls, die Lehre von der rein zufallsbestimmten, auf Punktmutationen basierenden Veränderung des biologischen Substrats, hat ebenso ausgedient wie das Fantasieprodukt egoistischer Gene. Stattdessen sollten wir beginnen, Gene als »communication molecules«[38], das heißt als kommunikative Moleküle, und das Genom als ein »highly sensitive organ«[39], als ein zur Wahrnehmung von äußeren Signalen befähigtes System, zu betrachten.

38 Shapiro (2006).

39 McClintock (1983).

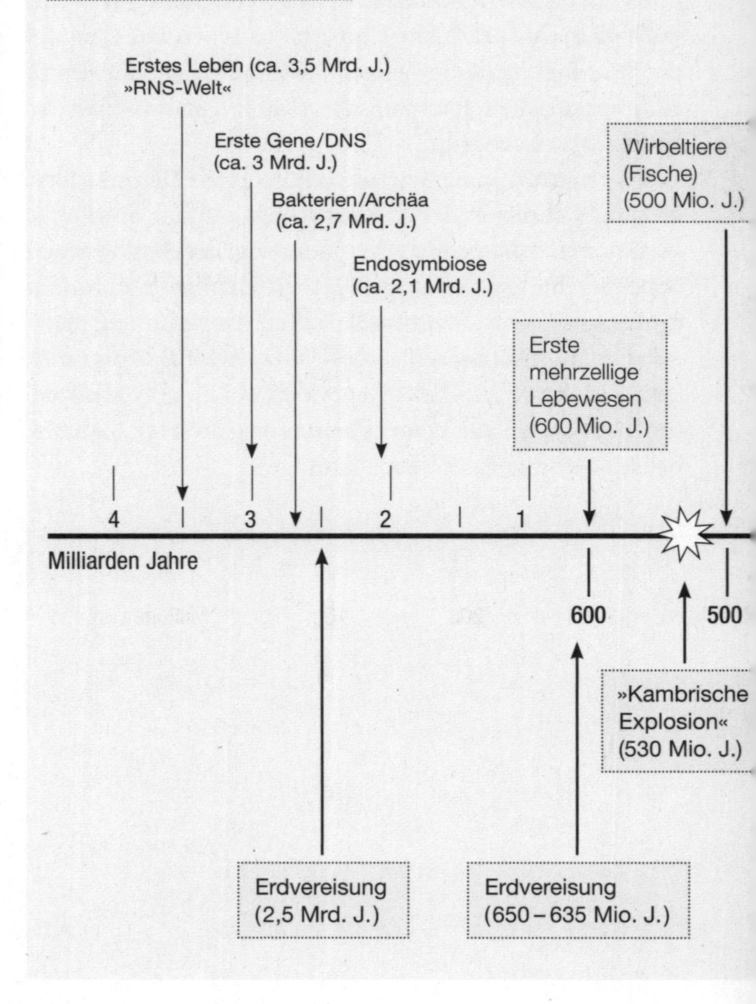

Universum: 14–16 Mrd. J.
Milchstraße: 11–13 Mrd. J.
Erde: 4,5 Mrd. J.
Erstes Leben (ca. 3,5 Mrd. J.)
»RNS-Welt«
Erste Gene/DNS
(ca. 3 Mrd. J.)
Bakterien/Archäa
(ca. 2,7 Mrd. J.)
Endosymbiose
(ca. 2,1 Mrd. J.)
Erste
mehrzellige
Lebewesen
(600 Mio. J.)
Wirbeltiere
(Fische)
(500 Mio. J.)
4
3
2
1
Milliarden Jahre
600
500
»Kambrische
Explosion«
(530 Mio. J.)
Erdvereisung
(2,5 Mrd. J.)
Erdvereisung
(650–635 Mio. J.)

Der lange Marsch der Evolution: Die Zeitachse in der Übersicht

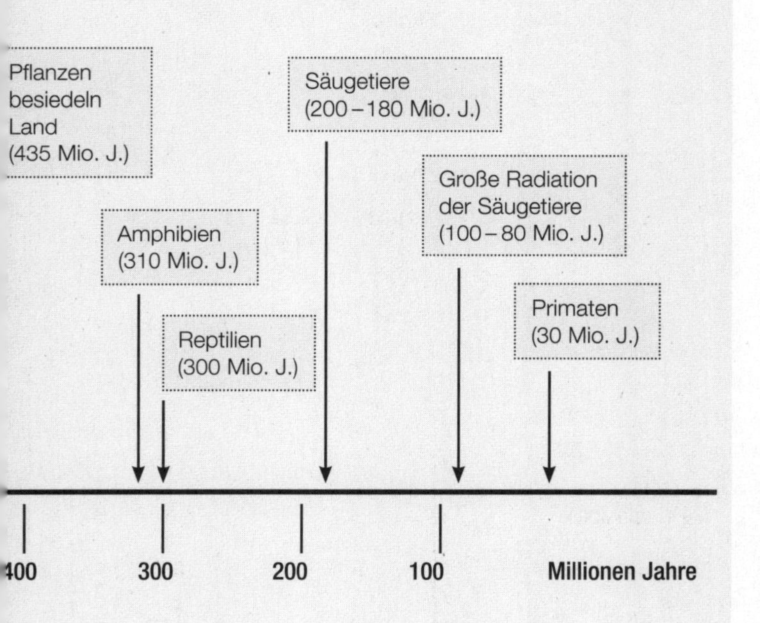

Überlegungen lassen mich glauben, dass alle fühlenden Wesen dazu gemacht sind, in der Regel Glück zu erleben.[1]

Charles Darwin

8 »Egoistische Gene« und der »Aggressionstrieb«: Anthropologische Konzepte als sich selbst erfüllende Prophezeiungen

Die Chancen der menschlichen Spezies, sich durch destruktive Aggression selbst zu vernichten, stehen bekanntlich relativ gut, ja sie verbessern sich sozusagen Tag für Tag. Die menschliche Aggression als ein überaus starkes biologisches und psychologisches Verhaltensprogramm zu verleugnen wäre naiv und gefährlich. Ihre Anerkennung ist allerdings keinesfalls gleichbedeutend mit einer Aussage zu der Frage, ob die Aggression ein Trieb sei, also ein primäres, spontan auftretendes menschliches Grundbedürfnis wie etwa das Verlangen, den Hunger zu stillen.

Charles Darwin selbst hat sich hinsichtlich dieser Frage – dies mag überraschen – *nicht* bejahend geäußert. Während er Zuneigung und Anteilnahme als starke biologische »Triebe« und »Instinkte« beschrieb[2], ist bei ihm, wie ich

1 Darwin (1887), S. 93.

2 »Der Mensch findet, übereinstimmend mit dem Schiedsspruch aller Weisen, dass die höchste Befriedigung sich einstellt, wenn man ganz bestimmten Impulsen folgt, nämlich den sozialen *Instinkten*. Wenn er zum Besten anderer handelt, wird er die Anerkennung seiner Mitmenschen erfahren und die Liebe derer gewinnen, mit denen er zusammenlebt; und dieser zweite Gewinn ist ohne Zweifel die höchste Freude auf dieser Erde. Nach und nach wird es unerträglich für

im nächsten Kapitel noch ausführen werde, von einem Aggressionstrieb nicht die Rede. Darwin betrachtete die Aggression als primär reaktives Phänomen.[3] Allerdings war für ihn der »war of nature«, der Kampf zwischen Individuen ebenso wie zwischen Arten, ein ehernes Gesetz der Evolution, und er plädierte dafür, der Mensch müsse, »wenn er noch höher fortschreiten soll, einem heftigen Kampfe ausgesetzt bleiben«[4]. Da Darwin glaubte, es gäbe »höhere« und »niederere« menschliche »Rassen«, und voraussagte, dass es auch zwischen ihnen zu einem Vernichtungskampf kommen werde[5], war sein Konzept – insgesamt betrachtet – die Ansage eines angeblich unausweichlichen bevorstehenden Ringens ums Überleben zwischen den Völkern, und so wurde es in der Tat auch verstanden.[6]

Die Welt war in der Wahrnehmung vieler damaliger Zeitgenossen mit einem Mal zu einem überfüllten Konzertsaal geworden, in dem der Ruf ertönte, es brenne, fast alle Ausgänge seien verschlossen und nur jene, die sich durch eine kleine Tür nach draußen durchkämpfen könnten, würden überleben. Eine solche Situation bedeutet, selbst wenn es in Wirklichkeit nicht brennt und die Türen offen

---

ihn werden, seinen sinnlichen Leidenschaften mehr zu gehorchen als seinen höheren *Trieben*« (Darwin, 1887, S. 98 f.; Kursivierung J. B.).

3 »Zeichen der Wut sind wahrscheinlich zum großen Teile, und einige von ihnen scheinen es gänzlich zu sein, Folgen der direkten Einwirkung des erregten Sensoriums. Tiere aller Arten und früher ihre Vorfahren haben, wenn sie von einem Feinde angegriffen oder bedroht wurden, ihre Kräfte bis zum Äußersten im Kämpfen und im Verteidigen angestrengt« (Darwin, 1872, S. 84). Als Auslöser menschlicher Aggression sah Darwin die Gefährdung geliebter anderer sowie Kampf um Ressourcen bzw. Neid, Kränkungen, Eifersucht und Angst (Darwin, 1872, S. 89 f., 93, 153 f., 263, 273 f.).

4 Darwin (1871), S. 700.

5 Darwin (1871), S. 203.

6 Weikart (2004).

stehen, eine sich selbst erfüllende Prophezeiung: Aufgrund der ausgelösten Panik wird der vorhergesagte Vernichtungskrieg tatsächlich eintreten, und die Theorie, dass der Kampf das Leben bestimme, wird sich als »richtig« erweisen.

Tatsächlich eignet sich das im soeben geschilderten Gleichnis dargestellte Szenario keineswegs, die Theorie zu verifizieren, die manche damit beweisen wollen, nämlich dass Aggression ein Trieb sei. Allerdings erfüllt ein solches Szenario alle Voraussetzungen für eine maximal effektive Stimulierung von Aggression. Dass die Erwartung von Schmerz und drohender Vernichtung erstrangige Auslöser von Aggression sind, hatte, wie das Zitat in der dritten Fußnote dieses Kapitels zeigt, schon Darwin festgestellt. Diese Erkenntnis war auch das zentrale Ergebnis wissenschaftlicher, vor allem experimenteller Untersuchungen zur Aggression, die erstmals in den dreißiger Jahren des letzten Jahrhunderts in den USA durchgeführt wurden.[7] Jüngere Studien aus den vergangenen Jahren stützen die damaligen Beobachtungen eindrucksvoll.[8] Dass Bedrohung Aggression hervorruft, ergibt auch evolutionär »Sinn«: Ähnlich wie die Angst (niemand würde auf die Idee kommen, von einem »Angsttrieb« zu sprechen) ist die Aggression ein neurobiologisch basiertes Programm, das abgerufen wird, wenn vital bedeutsame Ressourcen (einschließlich sozialer Verbundenheit) knapp werden, wenn Schmerz abgewehrt werden muss oder die körperliche Unversehrtheit anderweitig bedroht ist.

---

7 Führende Vertreter waren seinerzeit John Dollard und Neal Miller, siehe Dollard et al. (1939).

8 Im Überblick: Bauer (2006).

Dass die Ergebnisse der US-amerikanischen Aggressionsforschung der dreißiger Jahre in Deutschland – auch nach dem Krieg – nicht Fuß fassen konnten, war in erster Linie das »Verdienst« von Konrad Lorenz. Im Deutschland unter dem NS-Regime war die aggressive Attitüde und das »Recht des Stärkeren« inzwischen zur Staatsräson geworden.[9] Konrad Lorenz hatte aufgrund seiner ideologischen Linientreue in den Jahren der Nazidiktatur seine entscheidenden akademischen Weihen erlangt, 1940 war er zum Hochschullehrer in Königsberg berufen worden.[10]

In seinem erstmals 1963 erschienenen Buch »Das sogenannte Böse« führte Konrad Lorenz den »Aggressionstrieb« (den er auch als »Kampftrieb« bezeichnete) als »primären Instinkt« in die Biologie des Menschen ein.[11] Unter allgemeiner Berufung auf Charles Darwin (den er insoweit missverstand) und auf spezifische Beispiele bei verschiedenen kleinen Fischspezies (die sofort in aggressives Verhalten verfallen, wenn ein anderes Individuum sich ihrem Revier nähert) formulierte Lorenz hier seine Theorie vom

---

9 Siehe nochmals Weikart (2004).

10 In seinem Antrag zur Aufnahme in die NSDAP empfahl sich Lorenz unter anderem mit den Sätzen: »Schon lange vor dem Umbruch war es mir gelungen, sozialistischen Studenten die biologische Unmöglichkeit des Marxismus zu beweisen und sie zum Nationalsozialismus zu bekehren. Auf meinen vielen Kongress- und Vortragsreisen habe ich immer und überall mit aller Macht getrachtet, den Lügen der jüdisch-internationalen Presse … entgegenzutreten« (Föger und Taschwer, 2003, S. 84). In anderen Schriften äußerte er sein entschiedenes Engagement für »Rassenpflege« und für die »Ausmerzung ethisch Minderwertiger« (Föger und Taschwer, 2003, S. 91). Konrad Lorenz blieb auch nach dem Untergang des Dritten Reiches seinen sozialdarwinistischen Ansichten treu. »Genetische Verfallserscheinungen« und Ähnliches beschäftigten ihn auch in den Jahrzehnten nach dem Krieg immer wieder.

11 Vor Konrad Lorenz hatte bereits Sigmund Freud, auf den er sich wiederholt bezieht, einen psychischen Aggressionstrieb postuliert.

primären Aggressionstrieb des Menschen. Obwohl die von ihm zahlreich angeführten Tierbeispiele allesamt (!) reaktive, das heißt im Dienste der Verteidigung von Revier oder Bindung stehende Aggressionsmodi illustrieren, definiert Lorenz sie in seinem Buch als Nachweise für primäre »Angriffslust«.

Den Steinzeitmenschen wähnte er, ohne dies empirisch im Geringsten belegen zu können, im permanenten Kriegszustand.[12] In einer – auch aus wissenschaftlicher Sicht – haarsträubenden Passage über die in Reservaten lebenden Prärie-Indianer vom Stamm der Utes behauptet Lorenz unter Ausblendung der realen Lebensbedingungen von Indianern in den USA, die bei diesen zu beobachtende Aggressivität sei »herausgezüchtet« worden und daher biologisch verankert.[13]

Bindungsbedürfnisse tauchen bei Lorenz, anders als bei Darwin, als *primäres* Motiv nicht auf, sondern sind bei ihm ausschließlich das sekundäre Produkt von – gegen einen gemeinsamen Feind gerichteter – Aggression.[14] Wo es keine auf Dritte zielende Aggression gebe, so Lorenz explizit, könne es auch keine zwischenmenschlichen Bindungen geben. Befunde der experimentellen Bindungsforschung, unter anderem die seit den fünfziger Jahren durchgeführten Untersuchungen des britischen Verhaltens-

12 »Vor allem aber ist es mehr als wahrscheinlich, dass das verderbliche Maß an Aggressionstrieb, das uns Menschen heute noch in den Knochen sitzt, durch einen Vorgang der intraspezifischen Selektion verursacht wurde, der durch mehrere Jahrzehntausende, nämlich durch die ganze Frühsteinzeit, auf unsere Ahnen eingewirkt hat … Der Auslese treibende Faktor war der Krieg« (Lorenz, 1963/1995, S. 59).

13 Lorenz (1963/1995), S. 279.

14 Lorenz (1963/1995), S. 165 und 248.

forschers John Bowlby (1907–1990), erwähnt Lorenz mit keinem Wort. Das Buch gipfelt in einer falschen Darstellung und Verhöhnung der US-amerikanischen Aggressionsforschung der dreißiger Jahre, der er irrigerweise unterstellt, sie habe die Illusion verbreitet, man könne die Aggression aus der Welt schaffen, indem man Kindern frustrierende Erfahrungen erspare (auf eine Thematisierung der Nazipädagogik hat der Autor dagegen leider verzichtet).

Jahre später zweifelten Fachkollegen die Glaubwürdigkeit zahlreicher experimenteller Befunde von Konrad Lorenz an und stellten auch seine theoretischen Konzepte (insbesondere seine »Instinkttheorie«) grundlegend infrage.[15]

In den siebziger Jahren konzipierte der britische Zoologe Richard Dawkins, basierend auf seiner Idee von »egoistischen Genen«, sein Bild von Tieren wie auch vom Menschen als – so wörtlich – »Überlebensmaschinen« zur optimalen und maximalen Verbreitung der sie steuernden Gene. »Gene werden nach ihrer Fähigkeit selektiert, die ihnen zur Verfügung stehenden Machtmittel am besten zu gebrauchen: Sie werden ihre praktischen Möglichkeiten ausnutzen.«[16] Menschliche Verhaltensweisen sind bei Dawkins der unbewusste Ausdruck dieser genetischen Strategie. Entsprechend gestalten sich die Beziehungen zwischen Verwandten und Nichtverwandten, zwischen Mann und Frau sowie Eltern und Kindern als fortwähren-

15 Siehe die Kritik der Bonner Zoologin und Verhaltensforscherin Hanna-Maria Zippelius (1992).

16 Dawkins (1976/2004), S. 227.

des bioökonomisches Kalkül.[17] Überall werde das menschliche Verhalten beherrscht vom angeblichen unbewussten biologischen Auftrag der Gene an die »Überlebensmaschine«, diese, also den Organismus, zur maximalen Verbreitung des jeweils eigenen Genoms einzusetzen.[18]

Dass sich diese Theorie – obwohl sie durch keinerlei empirische Befunde gestützt wird – seit Jahrzehnten hoher Akzeptanz erfreut, dürfte einerseits an ihrer intellektuellen Schlichtheit liegen, andererseits aber auch daran, dass sie gleichsam das biopsychologische Korrelat der angloamerikanischen (inzwischen weltweit herrschenden) Wirtschaftsordnung darstellt und diese optimal ergänzt und zu legitimieren scheint. Auch der Soziobiologe und Neodarwinist Richard Dawkins überträgt also ökonomische Konzepte auf die Biologie, ganz ähnlich wie dies bereits Charles Darwin – nach eigenem Bekunden – einst unter dem Eindruck der Theorien des frühkapitalistischen Nationalökonomen Thomas Robert Malthus getan hatte.[19] Dazu mehr im nächsten Kapitel.

In der modernen neurobiologischen Forschung findet weder das psychologische Konzept von Konrad Lorenz noch jenes von Richard Dawkins Unterstützung. Primäre Moti-

---

17 »Gene in den Körpern von Kindern werden aufgrund ihrer Fähigkeit selektiert, Elternkörper zu überlisten; Gene in Elternkörpern werden umgekehrt aufgrund ihrer Fähigkeit selektiert, die Jungen zu überlisten« (Dawkins, 1976/2004, S. 227). Und weiter: »Ich sage, dass die natürliche Auslese tendenziell Kinder begünstigen wird, die so handeln, und dass wir daher, wenn wir freilebende Populationen beobachten, im engsten Familienkreis Betrug und Eigennutz erwarten müssen« (S. 230).

18 »Auftraggeber« in letzter Instanz ist nach Dawkins' Auffassung die Selektion.

19 Darwin (1887/1993), S. 124, 129.

vation des Menschen ist – dies hatte bereits Darwin erkannt – die Suche nach sozialer Akzeptanz und Bindung.[20] Beide sind die entscheidende Voraussetzung für die – biologische! – Stimulierung der Vitalitätssysteme des Mittelhirns (auch Motivationssysteme genannt) und für die Freisetzung der hier gebildeten Botenstoffe (Dopamin und endogene Opioide). Verhaltensstudien an gesunden Kleinkindern[21] und Erwachsenen[22] zeigen, dass dies nicht nur ein experimentell darstellbares Laborartefakt ist, sondern auch das Verhalten von Personen in der Alltagsrealität bestimmt. Zu erleben, wie andere Menschen Schmerzen erleiden, führt bei durchschnittlich gesunden Normalprobanden zu einer durch das System der Spiegelnervenzellen vermittelten Empathiereaktion.[23] Anderen Menschen Schmerzen zuzufügen stellt kein von den Motivationszentren des Gehirns als »lohnend« erlebtes Verhalten dar. Durchschnittlich gesunde Probanden lassen sich in experimentellen Designs nur dann dazu veranlassen, anderen Menschen Schmerzen zuzufügen, wenn sie dazu von den jeweiligen Versuchsleitern massiv gedrängt werden, wobei selbst unter solchem Druck nur ein Teil der Probanden der Aufforderung Folge leistet.[24]

Neuere Studien unter Anwendung moderner, nichtinvasiver Techniken zur Untersuchung des Gehirns haben ergeben, dass Menschen einen neurobiologisch verankerten

---

20 Insel (2003), Insel und Fernald (2004). Im Überblick: Bauer (2006).

21 Warneken und Tomasello (2006).

22 Kurzban und Houser (2005).

23 Singer et al. (2006). Im Überblick: Bauer (2005).

24 Milgram (1963, 1965), siehe auch Lemov (2005). Im Überblick nochmals: Bauer (2006).

Sinn für soziale Fairness besitzen.[25] Schmerzhafte Bestrafungen werden vom Motivationssystem des Gehirns gesunder Probanden nur dann als »lohnend« empfunden, wenn der glaubhafte Eindruck vermittelt wurde, dass die Personen, denen der Schmerz zugefügt wird, zuvor selbst massiv gegen das Gebot der Fairness im Umgang mit anderen Menschen verstoßen haben.[26] Dies bedeutet allerdings keineswegs, dass der Mensch »gut« sei.

Für das Verständnis menschlicher Aggression besonders bedeutsam ist der Befund, dass nicht nur körperlich zugefügter Schmerz, sondern auch soziale Ausgrenzung neurobiologische Schmerzzentren des Gehirns aktiviert.[27] Dies erklärt, warum neben erwarteten oder erlittenen Schmerzen auch gesellschaftliche Ausgrenzung oder Demütigung potente Auslöser von Aggression sind.[28] Neuere sozialpsychologische Untersuchungen über Prädiktoren gewaltsamen Verhaltens bei Jugendlichen stimmen mit den Ergebnissen der seit den dreißiger Jahren betriebenen experimentellen Aggressionsforschung perfekt überein.[29]

Niemand von Verstand wird aus all diesen Studien den naiven Schluss ziehen, das Phänomen der Aggression lasse sich durch geeignete Maßnahmen ein für alle Mal aus der

---

25 Sanfey (2003).

26 Singer et al. (2006).

27 Eisenberger et al. (2003).

28 In diesem Zusammenhang sollte beachtet werden, dass die Ungleichheit bei der Verteilung von Lebenschancen und Ressourcen, jenseits einer – durchaus vorhandenen – Toleranzgrenze für soziale Ungleichheit, von den Benachteiligten als soziale Ausgrenzung und Demütigung erlebt und mit Aggression beantwortet wird. Den Weltfrieden bewahren zu wollen erfordert daher die Bereitschaft zu teilen.

29 Loeber et al. (2005).

Welt schaffen. Alle neueren Forschungen zeigen jedoch einen klaren Zusammenhang: Überall dort, wo Personen vital beeinträchtigt, bedroht, von signifikanten Verstößen gegen gebotene Fairness oder sozialer Ausgrenzung betroffen sind (oder meinen, davon betroffen zu sein), wird das Aggressionspotenzial massiv ansteigen. Es mag in Einzelfällen erforderlich sein, akut mit Gewalt einzuschreiten, um Gewalt zu beenden. Strategien zur Eindämmung von Aggression werden jedoch nur dann *nachhaltig* erfolgreich sein, wenn die dargestellten Zusammenhänge zwischen erlebter Fairness einerseits und Aggressionsbereitschaft andererseits beachtet werden.

> Manche Autoren sind vom Ausmaß des Leidens auf der Welt so beeindruckt, dass sie Zweifel daran haben, ob es mehr Elend oder mehr Glück gibt, wenn wir alle fühlenden Wesen mitzählen – ob die Welt als Ganzes eigentlich gut oder schlecht ist. Meiner Einschätzung nach überwiegt das Glück eindeutig.[1]
>
> *Charles Darwin*

9 Charles Darwin: Theoriebildung, psychologische Schriften und Lebensweg

Biologische Phänomene lassen sich aus zwei grundlegend unterschiedlichen Perspektiven betrachten: Die Innenperspektive beschreibt die molekularen und physiologischen Mechanismen und Prozesse, die ein lebendes System konstituieren, sowie die in Lebewesen, die Verhaltensmerkmale zeigen, angelegten Motive. Bei der Außenperspektive dagegen geht es um die Rolle, die biologische Akteure in der Biosphäre als Ganzes spielen, und um die Schicksale, die sich daraus ergeben, dass Spezies einer spezifischen geologischen, klimatischen bzw. ökologischen Situation ausgesetzt sind.

Die zentrale Theorie Charles Darwins zum Prozess der Evolution beruhte auf einer Außenperspektive, die ihre Herkunft außerhalb der Biologie hatte. Zu der Auffassung, dass der »Kampf ums Dasein« und die Selektion die gestaltenden Kräfte des evolutionären Geschehens seien, war Darwin durch Gedanken inspiriert worden, die er 1838 aus der Lektüre eines Buches des frühkapitalistischen National-

1 Darwin (1887), S. 93.

ökonomen Thomas Robert Malthus[2] bezogen hatte: »Im Oktober 1838, fünfzehn Monate nachdem ich mit meiner systematischen Analyse [der von Darwin jahrelang gesammelten Beobachtungen, J. B.] begonnen hatte, las ich zufällig, nur zum Vergnügen, Malthus' Buch über ›Population‹, und weil ich durch meine langen Beobachtungen der Gewohnheiten [*habits*] von Tieren und Pflanzen wohl darauf vorbereitet war, anzuerkennen, dass ein Kampf ums Dasein [*struggle for existence*] überall stattfindet, wurde mir sofort deutlich, dass unter solchen Bedingungen vorteilhafte Variationen eher erhalten bleiben und unvorteilhafte eher vernichtet werden. Das Ergebnis dieser Tendenz musste die Bildung neuer Arten sein. Jetzt hatte ich endlich eine Theorie, mit der ich arbeiten konnte [Here, then I had at last a theory by which to work].«[3]

Der Kern der Evolutionstheorie Darwins basierte nicht auf biologischen Erkenntnissen, sondern hatte ein ökonomisches Kalkül zur Grundlage. Biologische Systeme sind im darwinistischen Modell keine Akteure der Evolution, sie leisten keinen

---

2 Thomas Robert Malthus (1766–1834) stammte aus einem gutsituierten englischen Elternhaus, studierte zunächst Theologie, war eine Zeit lang anglikanischer Geistlicher, wandte sich aber bereits in frühen Jahren volkswirtschaftlichen Fragen zu. 1805 übernahm er in England die weltweit erste Professur für politische Ökonomie (Nationalökonomie). In seinem 1798 erschienenen Buch »Essay on the Principle of Population« stellte er die wachsende Not der Bevölkerung als alleinige Folge des Missverhältnisses zwischen einer von ihm als konstant angenommenen exponentiellen Bevölkerungsvermehrung einerseits und der nur linearen Vermehrung der Nahrungsmittelressourcen andererseits dar. Sozialstaatliche Maßnahmen hielt er für kontraproduktiv, da sie die Armen dazu verleiten würden, sich noch stärker zu vermehren. Hungersnöte, die nur die Tüchtigsten überleben könnten, hielt er nicht nur für den natürlichen Gang der Dinge, sondern – insoweit war er typischer Protestant – für den Ausdruck einer gottgegebenen Ordnung, die den Menschen vor Müßiggang bewahren solle (Malthus, 1798).

3 Darwin (1887), S. 124, 129.

eigenen, genuin biologischen Beitrag zur Entwicklungsgeschichte, sondern sind nach dem Zufallsprinzip entstandene Produkte bzw. Waren. Und genau hier liegt, wie die Erkenntnisse der letzten Jahre nunmehr unabweisbar zeigen, der zentrale Fehler des darwinistischen Dogmas. Biologische Systeme haben nicht nur eine Innenperspektive, sondern sind mit den Prozessen, die wir aus dieser Perspektive inzwischen erkennen können, an der Steuerung des evolutionären Geschehens aktiv und kreativ beteiligt.

Eine grundlegende Revision der Darwin'schen Lehre bedeutet nicht, dass der Einfluss der Außenwelt – und dementsprechend der Wert der Außenperspektive – gering geschätzt werden dürfte, im Gegenteil. Die Außenwelt ist der Signal- und Impulsgeber, auf den biologische Systeme mit immer wieder neuen, kreativen Selbstmodifikationen reagieren. Nicht alle – nach den intrinsischen Gesetzen biologischer Systeme hervorgebrachten – Variationen sind lebensfähig. Die Selektion bleibt eine Grundtatsache, jedoch nicht, wie im Sinne Darwins und der darwinistischen »New Synthesis«-Theorien, als der die Entwicklung entscheidend gestaltende Faktor, sondern, wie schon dargelegt, überwiegend im Sinne einer Tautologie: Was unter gegebenen Bedingungen nicht lebens- und fortpflanzungsfähig ist, kann weder leben noch sich fortpflanzen. Sich lediglich stärker fortzupflanzen als andere bedeutet *per se* jedoch noch keinen evolutionären Überlebensvorteil.

Doch Charles Darwin hatte sehr wohl auch eine biologische Innenperspektive, und aus ihr heraus gelangte er zu teilweise erstaunlichen Feststellungen, die er allerdings nicht konzeptualisierte, also nicht zu einem wesentlichen Bestandteil seiner Evolutionstheorie machte. Diese biologische Innenperspektive findet sich in zwei späteren Werken[4], die einen völlig »anderen Darwin« zeigen, als wir ihn aus seinen beiden Hauptwerken kennen.

Biologische Grundmotive bei Darwin: Vitalität durch Wohlergehen und Bindung

Darwin konstatierte, dass sich Lebewesen in ihrem Verhalten in erster Linie durch die Suche nach Wohlergehen und die Vermeidung von Unlust und Schmerz leiten lassen. Er ging über diese Feststellung jedoch noch einen entscheidenden Schritt hinaus, indem er Unlustvermeidung zugleich als zentrale Voraussetzung für die Vitalität und damit für die Überlebensfähigkeit lebender Systeme definierte. »Wenn alle Individuen einer beliebigen Spezies andauernd extrem viel leiden müssten«, schrieb er, »dann würden sie die Fortpflanzung ihrer Art vernachlässigen; wir haben aber keinen Grund anzunehmen, dass dies überhaupt oder auch nur oft der Fall gewesen ist. Andere Überlegungen lassen uns darüber hinaus sogar glauben, dass alle fühlenden Wesen dazu gemacht sind, in der Regel Glück zu erleben ... Schmerz und Leiden jeder Art führen auf die Dauer zu Depression und verringern die Kraft zum Handeln ... Angenehme Empfindungen dagegen ... stimulieren das ganze Körpersystem zu gesteigerter Aktivität ... Man ist jetzt überzeugt davon, dass die meisten oder alle fühlenden Wesen sich ... dergestalt entwickelt haben, dass sie sich ge-

4 »The Expression of Emotion in Man and Animals« (Darwin, 1872), »My Life« (Darwin, 1887).

wöhnlich von angenehmen Empfindungen leiten lassen.«[5] Schon in »The Expression of Emotion« hatte Darwin dazu bemerkt: »Große Schmerzen treiben alle Tiere und haben dieselben während zahlloser Generationen dazu getrieben, die heftigsten und verschiedenartigsten Anstrengungen zu machen, der Ursache des Leidens zu entfliehen … Das heftige Bestreben in einer Schmerzsituation, sich der Ursache des Leidens zu entziehen, ist ein Beispiel für Handlungen, die den Zweck verfolgen, Unlust zu vermindern; zugleich dienen diese Handlungen auch dazu, anderen die Unlustempfindungen zu signalisieren.«[6]

Kriterien des Wohlergehens beschränken sich bei Darwin keineswegs auf ausreichende Nahrung und die Abwesenheit von Schmerz, sondern schließen soziale Verbundenheit ein, und dies nicht nur beim Menschen: »Da ohne Zweifel Zuneigung eine Vergnügen erregende Empfindung ist, so verursacht sie allgemein ein leichtes Lächeln und ein Erglänzen der Augen … Ganz allgemein wird eine starke Begierde empfunden, die geliebte Person zu berühren … Bei niederen Tieren sehen wir dasselbe Prinzip tätig, dass sich Vergnügen aus der Berührung in Assoziation mit Liebe herleitet.«[7] »Viele Arten von Affen finden Entzücken darin, einander zu hätscheln oder von anderen gehätschelt zu werden, auch von Personen, zu welchen sie Anhänglichkeit fühlen … Empfindungen, welche man zärtlich nennt … sind an sich von einer Vergnügen erregenden Natur.«[8] Darwin erkannte die »Freude, die wir aus Geselligkeit und

---

5 Darwin (1887), S. 93 f.

6 Darwin (1872), S. 81, 83.

7 Darwin (1872), S. 236 f.

8 Darwin (1872), S. 237, 239.

Liebe zu unseren Familien gewinnen … Die Liebe derer zu gewinnen, mit denen er [der Mensch] zusammenlebt … ist ohne Zweifel die größte Freude auf dieser Erde.«[9] Soziale Zurückweisung dagegen führe zu Aggression (Konrad Lorenz' »Aggressionstrieb« suchen wir bei Darwin vergebens): »Wenn wir von einem Menschen irgendeine absichtliche Beleidigung erlitten haben, oder sie zu erleiden erwarten, oder wenn er gegen uns in irgendeiner Weise Anstoß erregt, so haben wir ihn nicht gern, und diese Abneigung verschärft sich leicht zu Hass.«[10]

Auch bei Zuneigung und Verbundenheit stellte Darwin wiederum eine Beziehung zur Vitalität her: »Wir nehmen leicht Sympathie bei andern durch die Form des Ausdrucks wahr; unsere Leiden werden dadurch gemildert und unsere Freuden erhöht.«[11] Moderne neurobiologische Erkenntnisse vorwegnehmend, erkannte Darwin, dass die Erfahrung, einen Menschen zu verlieren, der einem nahestand, schwere Beeinträchtigungen der Vitalität nach sich ziehen kann: »Sobald der Leidende [nach Verlust einer geliebten Person] sich vollständig bewusst wird, dass nichts mehr getan werden kann, nimmt Verzweiflung oder tiefer Kummer die Stelle des wahnsinnigen Schmerzes ein. Der Leidende sitzt bewegungslos da oder schwankt langsam hin und her. Die Zirkulation wird träge … Ist der Schmerz sehr heftig, so führt er bald äußerste Niedergeschlagenheit oder Erschöpfung herbei.«[12]

---

9 Darwin (1887), S. 94, 99.

10 Darwin (1872), S. 263.

11 Darwin (1872), S. 404.

12 Darwin (1872), S. 92.

Um sein zentrales Dogma des »War of Nature« nicht infrage stellen zu müssen, konnte Darwin nicht umhin, soziale Verbundenheit und Altruismus als ein im Laufe der Evolution sekundär entstandenes Phänomen im Dienste des »Kampfes ums Dasein« zu definieren: Spezies, die sich gegenseitig Unterstützung gewähren, verbessern ihre Chance zu überleben. Dass es sich genau umgekehrt verhalten könnte, dass also soziale Verbundenheit als ein primäres biologisches Motiv zu betrachten wäre und der Kampf als ein im Dienste dieses Grundbedürfnisses stehendes biologisches Programm, überstieg Darwins Vorstellungsvermögen. Den Widerspruch, der sich daraus ergibt, dass fortwährend dem »Kampf ums Dasein« ausgesetzte Individuen und Spezies entscheidende Einbußen ihrer Vitalität erlitten, zugleich aber Nutznießer der Evolution seien[13], löste Darwin nicht auf. Zwar erkannte er, dass Spezies unter verschärften Stressbedingungen ihre Fortpflanzung selbst regulieren, indem sie ihre Fortpflanzungsraten reduzieren (dies ist eine aus der biologischen Innenperspektive gewonnene Einsicht), doch diese Erkenntnis wurde nicht Teil seiner Theorie. Stattdessen blieb er der (aus der Außenperspektive gewonnenen) Vorstellung verpflichtet, es sei der Kampf ums Dasein gemeinsam mit dem sich aus ihm ergebenden Selektionseffekt, der das evolutionäre Geschehen als entscheidender Mechanismus steuere.

---

13 Auf diesen Widerspruch hatte 1902 in einer überaus kenntnisreichen Darstellung bereits der russische Geograf und Biologe Pjotr Alexejewitsch Kropotkin hingewiesen (Kropotkin, 1902).

Die biologische Bedeutung von Kommunikation und Empathie

Das Prinzip der Kommunikation herrscht im Bereich der Biologie nicht nur dort, wo Lebewesen ein Verhaltensrepertoire im engeren Sinne zur Verfügung steht. Darwin konnte noch keine Kenntnis von der Welt der molekularen Kommunikation haben, wie wir sie mit dem heutigen wissenschaftlichen Instrumentarium zwischen Trägern von Erbinformationen (RNS, DNS) und Proteinen wie auch zwischen Rezeptoren und ihren Liganden[14], zwischen Zellen untereinander oder zwischen Organismus und aus der Außenwelt eintreffenden Zeichen beobachten können. Doch er war sich der Bedeutung des Informationsaustausches – nicht nur beim Menschen, sondern auch beim Tier – bewusst: »Das Vermögen der gegenseitigen Mitteilung ist für viele Tiere sicherlich von großem Nutzen.«[15]

Darwin erkannte, moderne Konzepte des »Embodiment« (das heißt der Verankerung kommunikativer Prozesse im Körpergeschehen) vorwegnehmend, die zentrale Bedeutung des biologischen Körpers als Basis der Kommunikation: »Das Vermögen der Mitteilung zwischen den Gliedern eines und desselben Stammes mittels der Sprache ist in Bezug auf die Entwicklung des Menschen von alleroberster Bedeutung gewesen. Die Gewalt der Sprache wird durch Ausdruck verleihende Bewegungen des Gesichts und Körpers bedeutend unterstützt … Die Bewegungen des Aus-

14 Als Liganden werden von Rezeptoren (Empfängermolekülen) gebundene Botenstoffe bezeichnet.

15 Darwin (1872), S. 68.

drucks im Gesicht und am Körper, welcher Art ihr Ursprung auch gewesen sein mag, sind an und für sich für unsere Wohlfahrt von großer Bedeutung.«[16] Immer wieder zeigt sich Darwin dabei auch als beobachtender Psychologe: »Der gemeine Mann kratzt sich häufig den Kopf, wenn er in Verlegenheit kommt … Ein andrer reibt sich die Augen, wenn er in Verwirrung gerät, oder hustet kurz, wenn er verlegen ist … Sie [die Zeichen der Körpersprache] enthüllen Gedanken und Absichten anderer wahrer, als es Worte tun, welche gefälscht werden können. Die Bewegungen des Ausdrucks verleihen unseren gesprochenen Worten Lebhaftigkeit und Energie.«[17]

Darwin blieb nicht verborgen, dass Phänomene der emotionalen Verbundenheit beim Menschen weit über Verhaltensweisen hinausgehen, die sich als Effekt der Selektion – im Sinne eines überlebensdienlichen Altruismus – erklären ließen. So beschreibt er, geradezu modern anmutend, die Gabe der Empathie: »Sympathie scheint eine besonders starke Gemütsregung darzustellen … Das Gefühl der Sympathie wird gewöhnlich durch die Annahme erklärt, dass wenn wir vom Leiden eines anderen hören oder dasselbe sehen, die Idee des Leidens in unserer eigenen Seele so lebhaft wachgerufen wird, dass wir selbst leiden … Wir sympathisieren ohne Zweifel viel tiefer mit einer geliebten als mit einer gleichgültigen Person, und die Sympathie der einen gewährt uns viel mehr Erleichterung als die der anderen. Aber doch können wir ganz sicher

---

16 Darwin (1872), S. 394, 404.

17 Darwin (1872), S. 404.

auch mit denjenigen sympathisieren, für die wir keine Zuneigung empfinden.«[18]

Selbst Phänomene der emotionalen Ansteckung (in der englischen Fachliteratur als »emotional contagion« bezeichnet), über die erst die kürzliche Entdeckung des Systems der Spiegelneurone Aufschluss gab[19], finden wir bei Darwin meisterhaft beschrieben: »Die abnorme Tätigkeit der willkürlichen Muskeln bei Epilepsie, Veitstanz und Hysterie wird bekanntlich durch die Erwartung eines Anfalls beeinflusst, ebenso durch den Anblick andrer, in ähnlicher Weise leidender Personen. Dasselbe gilt auch für die unwillkürlichen Akte des Gähnens und Lachens ... Es ist vielleicht der Betrachtung wert, ob sich nicht gewisse Bewegungen, welche anfänglich nur von einem oder von wenigen Individuen dazu benutzt wurden, einen gewissen Seelenzustand auszudrücken, zuweilen auf andere Individuen verbreitet haben und schließlich durch die Gewalt der bewussten wie der unbewussten Nachahmung ganz allgemein geworden sind. Dass beim Menschen eine starke Neigung zur Nachahmung besteht, unabhängig von dem bewussten Willen, ist sicher.«[20] Hier und bei vielen weiteren Beispielen sah Darwin wiederum den bereits erwähnten »Instinkt der Sympathie« am Werk.[21]

---

18 Darwin (1872), S. 239 f.

19 Im Überblick: Bauer (2005).

20 Darwin (1872), S. 378, 395.

21 Darwin (1872), S. 398.

Darwin als Psychologe: Die »Seele« und ihr Einfluss auf den Körper

Natürlich können Maschinen, als welche die Soziobiologie Organismen – den Menschen eingeschlossen – tatsächlich betrachtet[22], keine »Seele« haben. Charles Darwin jedoch hat die Existenz einer »Seele« als erlebende und fühlende Instanz von Lebewesen anerkannt. Mehr noch, er beschrieb auch den erheblichen Einfluss, den sie auf das körperliche Geschehen des Organismus nehmen kann. Er sprach nicht nur wiederholt von der »Seele« als solcher[23], sondern auch von »Zuständen der Seele« sowie »Kräften der Seele«.[24] Besonders interessant ist, dass Darwin dabei offenbar auch unbewusst ablaufende dynamische Prozesse nicht ausschloss: »Die unwillkürliche Überlieferung von Nervenkraft kann mit vollständigem Bewusstsein erfolgen oder auch ohne dasselbe.«[25]

Zu den – jedenfalls aus heutiger Sicht – vielleicht faszinierendsten Teilen von Darwins Werk über »The Expression of Emotion in Man and Animals« (»Der Ausdruck der Gemütsbewegungen bei dem Menschen und den Tieren«) gehören die Ausführungen über die körperlichen Effekte psychischer Erlebniseindrücke. Besonders ausführlich beschreibt er die Auswirkungen von Angst und Wut. Er erwähnt das »Erbleichen des Haars … nach äußerst heftigem Schreck oder Kummer … Von allen Seelenerregungen ist bekanntermaßen Furcht diejenige, welche am leich-

22 Dawkins (1976/2004).

23 Darwin (1872), S. 78, 84.

24 Darwin (1872), S. 75, 380.

25 Darwin (1872), S. 80.

testen Zittern herbeiführt.«[26] Sätze wie diese könnten auch heute noch in einem modernen Lehrbuch stehen: »Äußerste Angst verursacht ein Erzittern des Körpers. Die Haut wird blass, es bricht Schweiß aus, und die Haare sträuben sich. Die Absonderungen des Nahrungskanals und der Nieren werden vermehrt … Das Atmen ist beschleunigt, das Herz schlägt schnell, wild und heftig … Die Geistestätigkeiten werden bedeutend gestört.«[27]

Das Herz als Organ mit besonderem psychosomatischem Bezug kannte Darwin – ich werde noch darauf eingehen – nicht zuletzt aufgrund eigener Erfahrungen: »Das Herz … ist für äußere Reize äußerst empfindlich … Wir dürfen daher erwarten, dass wenn die Seele heftig erregt wird, sie augenblicklich in einer direkten Weise das Herz affiziert … Wir können ziemlich sicher sein, dass jede Empfindung oder Gemütserregung wie großer Schmerz oder Wut … den Zufluss von Nervenkraft zum Herzen unmittelbar beeinflussen wird.«[28]

Immer wieder erwähnt Darwin, dass sich psychosomatische Prozesse unabhängig von Bewusstsein und Willen abspielen können: »Wenn ein Mensch mäßig zornig oder selbst wenn er in Wut geraten ist, so kann er wohl die Bewegung seines Körpers beherrschen, er kann es aber nicht verhindern, dass sein Herz heftig schlägt … Die Art und Weise, in welcher die Absonderungen des Nahrungskanals und gewisser Drüsen, so der Leber, der Nieren oder der Milchdrüsen, durch heftige Gemütsbewegungen affiziert

26 Darwin (1872), S. 76 f.

27 Darwin (1872), S. 88.

28 Darwin (1872), S. 77 f., 85.

werden, ist ein andres ausgezeichnetes Beispiel für die direkte Einwirkung des Sensoriums auf diese Organe, und zwar unabhängig vom Willen.«[29]

Darwin beschrieb Zusammenhänge zwischen Psyche und Blutdruckerkrankungen, ebenso Wechselwirkungen zwischen psychischem Apparat und Schmerzerleben: »Das vasomotorische System, welches den Durchmesser der kleinen Arterien reguliert, wird vom Sensorium direkt beeinflusst … Wir wissen, dass das vasomotorische System, welches den kapillaren Kreislauf reguliert, bedeutend von der Seele beeinflusst wird.«[30] Zum Thema Schmerz lesen wir: »Wenn wir daher willkürlich unsere Aufmerksamkeit auf irgendeinen Teil des Körpers konzentrieren, so werden wahrscheinlich die Zellen des Gehirns, welche Eindrücke und Empfindungen von diesen Teilen erhalten, in irgendeiner unbekannten Weise zur Tätigkeit gereizt. Dies dürfte es erklären, dass ohne irgendeine lokale Veränderung in dem Teile, auf welchen unsere Aufmerksamkeit ernstlich gerichtet ist, Schmerz oder eigentümliche Empfindungen gefühlt oder verstärkt werden … Es scheint keine unwahrscheinliche Voraussetzung zu sein, dass wenn wir intensiv über eine Empfindung nachdenken, derselbe Teil des Sensoriums oder ein nahe mit ihm zusammenhängender Teil desselben in einen Zustand von Tätigkeit versetzt wird, in derselben Weise, als wenn wir wirklich die Empfindung wahrnähmen.«[31]

---

29 Darwin 1872), S. 86, 77.

30 Darwin (1872), S. 78, 84.

31 Darwin (1872), S. 381 f.

Auch dass Verhaltensweisen und Tätigkeiten letztlich hirnorganische Auswirkungen nach sich ziehen können (ein heute als Neuroplastizität bezeichnetes Phänomen[32]), hatte bereits Darwin vermutet: »Wenn wir unsere ganze Aufmerksamkeit auf irgendeinen Sinn richten, so wird dessen Schärfe erhöht, und die beständige Gewohnheit scharfer Aufmerksamkeit, so bei blinden Leuten auf den Gehörsinn und bei blinden und tauben Personen auf den Tastsinn, scheint den in Rede stehenden Sinn permanent feiner auszubilden.«[33]

Darwins Leben

Manches von dem, was Charles Darwin als in hohem Maße sensibler Beobachter in »The Expression of Emotion in Man and Animals« festhielt, hatte er am eigenen Leib erlebt oder durchlitten. Darwins Leben lässt drei Phasen erkennen: In der Kindheit erlitt er durch den frühen Tod der Mutter, an die er sich, wie er berichtet, später kaum noch erinnern konnte, einen schweren Verlust. Als junger Mann mobilisierte er große persönliche Energie, um – als dem Kapitän zugeordneter wissenschaftlicher Begleiter – eine fünfjährige Weltreise auf einem englischen Kriegssegelschiff anzutreten. Die dritte Phase, in der er heiratete, eine Familie gründete, sich mit ihr auf einem abgeschiedenen Landsitz in der Ortschaft »Down« (heute Downe) nahe London niederließ und fortan dort lebte, war gekennzeich-

32 Im Überblick: Bauer (2002).

33 Darwin (1872), S. 380.

net von jahrzehntelang anhaltenden gesundheitlichen Beschwerden.

Darwin wurde 1809 als fünftes von sechs Kindern geboren. Der Vater war ein angesehener, durch seine berufliche Tätigkeit zu Wohlstand gekommener niedergelassener Arzt. »Meine Mutter starb im Juli 1817, als ich etwas über acht Jahre alt war, und es ist sonderbar, dass ich kaum Erinnerungen an sie habe … Sie war schon länger zuvor schwach und krank.«[34] Seine ältere Schwester »Caroline … bemühte sich allzu eifrig, mich zu erziehen … Ich weiß noch genau, wie mir zumute war, wenn ich in ein Zimmer gehen musste, in dem sie auf mich wartete: Schon an der Tür fragte ich mich: Was wird sie nun wieder an mir auszusetzen haben?«[35]

Der junge Charles wurde vom Vater, etwa ein Jahr nach dem Tod der Mutter, in ein nahe gelegenes Internat gegeben. Dort wohnte er zwar, besuchte aber fast täglich Vater und Geschwister. »Anhänglichkeit und Interesse für mein Zuhause blieb erhalten.«[36] Es scheint, dass es für den Knaben, vorletztes von sechs Kindern und nach dem Tod der Mutter Halbwaise, nicht immer einfach war, hinreichend Beachtung und Zuwendung zu finden: »Ich sollte … bekennen, dass ich als kleiner Junge überhaupt den Hang hatte, absichtlich falsche Angaben zu machen – immer mit dem Ziel, Aufregung zu bewirken. Einmal habe ich zum Beispiel viel schönes Obst von den Obstbäumen meines Vaters gepflückt und im Schuppen versteckt und bin dann losge-

34 Darwin (1887), S. 26.

35 Darwin (1887), S. 26.

36 Darwin (1887), S. 29.

rannt und habe ganz außer Atem verkündet, ich hätte ein Versteck mit einem ganzen Vorrat an gestohlenem Obst entdeckt.«[37]

Der Vater war für Charles Darwin – weit über die Zeit der Kindheit und Jugend hinaus – eine äußerst bedeutsame Bezugsperson.[38] »Mein Vater … war in vieler Hinsicht ein eindrucksvoller Mensch. Er war 1,88 Meter groß, breitschultrig und sehr korpulent, so massig, wie ich niemanden sonst gesehen habe. Als er sich zum letzten Mal auf die Waage stellte, wog er 152 Kilogramm, aber in der Folgezeit nahm er noch stark zu. Seine hervorstechendsten Eigenschaften waren eine ausgeprägte Beobachtungsgabe und Einfühlungsvermögen; niemals habe ich es erlebt, dass jemand ihn in diesen beiden Fähigkeiten übertroffen oder auch nur erreicht hätte.«[39] Er »war mit Abstand der beste Menschenkenner, dem ich je begegnet bin«.[40] »Er verstand die Kunst, jeden dazu zu bringen, dass er ihm aufs Wort folgte … Er wurde leicht sehr zornig, aber wegen seiner grenzenlosen Güte war er überall sehr beliebt.«[41]

»In meinen fortgeschrittenen Schuljahren entwickelte ich eine Leidenschaft für das Schießen«, wobei diese »Begeisterung für das Vogelschießen«[42] beim jungen Darwin offenbar deutlich stärker ausgeprägt war als sein schulischer Ehrgeiz. »Ich war tief getroffen, als mein Vater mir

---

37 Darwin (1887), S. 27.

38 Robert Darwin hatte einst selbst als Kind, im Alter von fünf Jahren, seine Mutter verloren (Brief des Großvaters von Charles Darwin an seinen Sohn Robert vom 5. Januar 1792, in: Darwin, 1887, S. 258).

39 Darwin (1887), S. 32 f.

40 Darwin (1887), S. 529.

41 Darwin (1887), S. 44 f.

42 Darwin (1887), S. 48 f.

einmal sagte: ›Außer Schießen, Hunden und Rattenfangen hast du nichts im Kopf; du wirst noch zur Schande für dich selbst und deine ganze Familie.‹ … Mein Vater war entschieden dagegen, dass ich mein Leben mit Jagen und Müßiggang vertat, wonach es damals ganz aussah.«[43]

Schließlich wurde Darwin wegen seiner mäßigen Schulleistungen vom Vater vorzeitig aus dem Internat genommen. Dessen Rat folgend, begann er mit dem Medizinstudium. Doch schon bald stellte er fest, dass er sich von diesem Fach nicht angesprochen fühlte. »Ich sollte anfangen, Medizin zu studieren. Aber nur wenig später gewann ich aus unterschiedlichen kleinen Anhaltspunkten die Überzeugung, mein Vater werde mir so viel Vermögen hinterlassen, dass mein Auskommen gut gesichert sei … Meine Überzeugung war so ausgeprägt, dass sie die Anstrengungen, Medizin zu studieren, in Grenzen hielt.«[44]

Der Einfluss des Vaters blieb beachtlich: Nachdem er – so erfahren wir von Charles Darwin – erkannt hatte, dass sein Sohn in der Medizin nicht reüssieren würde, empfahl er ihm das Studium der Theologie. Möglicherweise spiegelte diese Empfehlung eine gewisse Resignation hinsichtlich der Entwicklungsmöglichkeiten seines Sohnes wider, denn der Vater hatte als Freimaurer mit der Theologie nichts am Hut.[45] Darwin selbst beschreibt sich jedoch in der Zeit, als er das Theologiestudium aufnahm, als naivgläubigen Menschen. Der Plan, dass er Pfarrer werden

---

43 Darwin (1887), S. 32, 61. Die zweite Bemerkung, »Jagen und Müßiggang« betreffend, bezog sich bereits auf die Zeit von Darwins (schließlich abgebrochenem) Medizinstudium.

44 Darwin (1887), S. 51.

45 Darwin (1887), S. 52, 60.

solle, sei allerdings im Laufe der Jahre – Darwin beschäftigte sich während seiner Studentenzeit nun zunehmend mit geologischen und biologischen Fragen – »einfach eines natürlichen Todes« gestorben.[46] Die Studienjahre in Cambridge beschreibt Darwin rückblickend als »im Großen und Ganzen … die unbeschwerteste Zeit in meinem glücklichen Leben … die Gesundheit war ausgezeichnet … die Stimmung fast immer hervorragend«, er habe sich als Student »allerhand Extravaganzen geleistet«.[47]

Weder der Medizin noch der Theologie, beides verordnet vom Vater, konnte Darwin etwas abgewinnen. Stattdessen fesselte ihn zunehmend die Geologie (die damals noch weitgehend auch die Biologie abdeckte). Eine wichtige Rolle in dieser Entwicklung spielten einige Professoren, die für Darwin zu Mentoren wurden und seine diesbezüglichen Interessen förderten. Ein letzter entscheidender Anstoß dazu, dass Geologie und Biologie zu seiner Bestimmung werden sollten, war die Lektüre der Reisebeschreibungen Alexander von Humboldts.[48] Sie »entfachten den brennenden Wunsch in mir, wenigstens einen kleinen Stein zum großartigen Bauwerk der Naturwissenschaften beizutragen«.[49] Auch angesichts des Umstandes, dass die Medizin bereits durch seinen Vater »besetzt« war und die Theologie dem zu »allerhand Extravaganzen« neigenden jungen Mann zweifellos zu viel Abstinenz abgefordert hätte, fand

46 Darwin (1887), S. 61.

47 Darwin (1887), S. 73, 76.

48 Darwin hatte die englische Übersetzung von Alexander von Humboldts »Reise in die Äquinoktialgegenden des neuen Continents in den Jahren 1799–1814« gelesen.

49 Darwin (1877), S. 72.

Darwin in der Naturforschung das Feld, in dem er hoffen konnte, die Anerkennung zu erlangen, die er sich wünschte: »Ich hatte den Ehrgeiz, einen ansehnlichen Platz in der Rangliste der Wissenschaftler einzunehmen … Meine Liebe zur Naturwissenschaft war immer stetig und intensiv. Diese reine Liebe wurde freilich von meinem ehrgeizigen Streben nach Anerkennung durch die Wissenschaftlerkollegen begleitet.«[50]

Die Möglichkeit, sich als junger Forscher mit dem englischen Kriegssegelschiff »Beagle« auf eine mehrjährige Weltreise zu begeben, wurde Darwin durch einen seiner Mentoren an der Universität Cambridge (durch den Botanikprofessor John Stevens Henslow) vermittelt. Darwins Vater war strikt gegen die Weltreise, fügte sich aber, nachdem der Sohn einen Onkel eingeschaltet hatte, der das Unternehmen befürwortete. Darwin war dem Kapitän des Schiffes, Robert FitzRoy, persönlich attachiert. Das Verhältnis zwischen beiden war nicht frei von Spannungen.[51] Der Abschied von zu Hause sollte dem jungen Darwin – er war gerade einmal 22 Jahre alt – nicht leichtfallen: »Das Herz wurde mir schwer bei dem Gedanken, Familie und Freunde für so lange Zeit zurückzulassen … Außerdem machten mir Herzklopfen und Herzschmerzen zu schaffen.«[52]

Die Reise, »das wichtigste Ereignis meines Lebens«[53], nutzte Darwin zu einer einzigartigen, zu mehreren Konti-

---

50 Darwin (1887), S. 85 f., 147.

51 »Wir stritten uns verschiedentlich … Er erklärte, ich gehöre zu den Leuten, die jede Gefälligkeit annähmen und keine erwiderten« (Darwin, 1887, S. 80). Auseinandersetzungen gab es auch wegen der Frage der Sklaverei (die Darwin strikt ablehnte).

52 Darwin (1887), S. 84.

53 Darwin (1887), S. 81.

nenten führenden Forschungsexpedition. Sämtliche Beobachtungen wurden von ihm minutiös protokolliert sowie durch Zeichnungen und mitgenommene Proben dokumentiert. Seine Aufzeichnungen und die gesammelten Fundstücke schickte Darwin in regelmäßigen Abständen an seine Mentoren in Cambridge mit der Bitte, sie zu sichten und für ihn bis zu seiner Rückkehr aufzubewahren. Die Empfänger waren begeistert: »Gegen Ende meiner Reise erreichte mich in Ascension ein Brief meiner Schwester, darin sie berichtete, Sedgwick [Geologieprofessor und einer der Förderer Darwins] habe meinen Vater besucht und gesagt, mir sei ein Platz unter den führenden Wissenschaftlern sicher.«[54]

Nach der Rückkehr von seiner fünfjährigen Expedition im Jahre 1836 verbrachte Darwin, inzwischen 27 Jahre alt, einige Monate bei seinen Universitätslehrern in Cambridge, ordnete seine dort verwahrten Unterlagen und Materialien, zog dann aber 1837 nach London um. Noch im selben Jahr begann er mit ersten Aufzeichnungen für sein geplantes großes Werk (das allerdings erst viele Jahre später, nämlich 1859, zu seinem Buch »Über die Entstehung der Arten« werden sollte). Eine entscheidende Inspiration für die Entwicklung seiner Theorie erhielt er nach eigenem Bekunden im Jahre 1838 durch die schon erwähnte – eher zufällige – Lektüre von Schriften des Nationalökonomen Thomas Robert Malthus: »Jetzt hatte ich endlich eine Theorie, mit der ich arbeiten konnte.« 1842, am Ende seiner Zeit in London, hatte er sie in einem ersten Entwurf ausgearbeitet.[55]

---

54 Darwin (1887), S. 86.

55 Darwin (1887), S. 124.

Interessant ist, dass sich Darwin – allerdings wohl erst viele Jahre später – der Tatsache bewusst war, dass jede Theoriebildung zwangsläufig auf den Forschungsgegenstand selbst Einfluss nimmt. In einem Brief an Henry Fawcett, Professor für politische Ökonomie in Cambridge, äußerte er im Jahre 1861: »Merkwürdig, dass es Menschen gibt, die nicht sehen, dass alles Beobachten für oder gegen eine Auffassung geschehen muss, wenn es irgendeinen Nutzen haben soll.«[56]

In Darwins dreißigstem Lebensjahr – er hatte im Januar 1839 eine Cousine, die Musikerin Emma Wedgwood, geheiratet[57] und erwartete mit ihr das erste Kind – scheint eine persönliche Wende im Werdegang des großen Biologen eingetreten zu sein. Nachdem er die Weltreise und die drei darauf folgenden Jahre zu Hause zunächst ohne schwere Erkrankungen überstanden hatte, kam es nun, beginnend noch in London, zu chronischen gesundheitlichen Beschwerden, die Darwin bis ans Ende seines Lebens erheblich und nachhaltig beeinträchtigen sollten.

1842 erwarb Darwin, nunmehr 33 Jahre alt, den abgeschiedenen Landsitz Down House in der Grafschaft Kent. »Zurückgezogener als wie hier kann kaum jemand leben. Außer Kurzbesuchen bei Verwandten und gelegentlichen Abstechern ans Meer oder anderswohin haben wir keine

---

56 Darwin (1887), S. 184.

57 Aufzeichnungen aus den Jahren 1837 und 1838 zeigen, wie sich Darwin mit seiner Entscheidung für oder gegen eine Heirat quälte (Darwin, 1887, S. 266–270). Nachdem er alle Pro- und Contra-Argumente aufgelistet hatte, fasste er zusammen: »Da nun erwiesen ist, dass geheiratet werden muss, fragt sich: Wann? Bald oder später. Der Chef sagt bald.« Mit dem »Chef« dürfte der Vater gemeint gewesen sein, dem Darwin auch als erwachsener Mann in Liebe und mit großem Respekt verbunden blieb.

Reisen unternommen. Anfangs nahmen wir manchmal Einladungen an, sahen auch ein paar Freunde bei uns; aber meine Gesundheit wurde fast jedes Mal durch Unruhe in Mitleidenschaft gezogen, heftiger Schüttelfrost und Brechreiz waren die Folgen … Als ich noch jung und kräftig war, konnte ich mich sehr für Menschen erwärmen, aber in den letzten Jahren hege ich zwar durchaus noch freundliche Gefühle gegenüber vielen Menschen, doch die Kraft zu einer innigen Freundschaftsbeziehung habe ich verloren … Soweit ich sehen kann, war der Verlust meiner Gefühlskraft schleichend; er kam dadurch zustande, dass sich in meinem Denken die Vorstellung, jemanden auch nur eine Stunde lang zu sehen und mit ihm zu sprechen, jedes Mal sogleich mit der Erwartung verband, mein Gesundheitszustand werde nach dem Treffen miserabel, Erschöpfung die Folge sein.«[58]

Über lange Zeiträume zurückzielende Ferndiagnosen sind medizinisch unangebracht, und sie stehen – zumal im Falle dieses großen Biologen – niemandem zu. Alles, was uns Darwin selbst über seine Jahrzehnte währenden Beschwerden hinterlassen hat, scheint jedoch dafür zu sprechen, dass er an einer Form von chronischer Depression in Verbindung mit psychosomatischen Symptomen litt. Auch der Evolutionsbiologe Ernst Mayr, der das Vorwort zu der von mir verwendeten Ausgabe von Darwins Autobiografie verfasst hat, spricht dort von einem »eindeutig psychosomatischen Leiden«. Der frühe Verlust der Mutter und die starke, aber ambivalent besetzte Beziehung zum Vater könnten zu deren Entstehung – aus heutiger Sicht – durch-

58 Darwin (1887), S. 119.

aus beigetragen haben. Solche Vermutungen sind jedoch mit Vorbehalt zu genießen, und es kann nicht ausgeschlossen werden, dass eine endokrine oder andere körperliche Erkrankung zumindest mitbeteiligt war.

Darwin fühlte sich jedenfalls erheblich beeinträchtigt, weil, wie er schreibt, »ein solcher Verlust [von Gefühlen] den emotionalen Teil unserer Natur verkümmern lässt«, wobei er erläutert: »Bis zum Alter von dreißig Jahren, vielleicht auch noch etwas länger«, habe er Freude an Lyrik, Theater, Kunst und Musik empfunden. Danach (»seit vielen Jahren«) jedoch habe er »keine Zeile Lyrik mehr ertragen … Auch den Geschmack an Gemälden und Musik habe ich fast ganz verloren.« Er bedauerte »diesen seltsamen Verlust der höheren ästhetischen Empfindungen … Mir scheint, mein Geist ist eine Maschine geworden.«[59] Offenbar in tiefste Trauer verfiel 1848 der 39-jährige Darwin, als sein Vater im Alter von 84 Jahren starb[60]: »Meine Gesundheit war damals so angegriffen, dass ich nicht zur Beerdigung meines geliebten Vaters … fahren konnte.«[61]

Eine durch Erkrankungssymptome erheblich beeinträchtigte Vitalität dürfte der Tatsache zugrunde gelegen haben, dass Darwin im Laufe der Jahre zwar viele kleinere biologische Einzelstudien publizierte, sein erstes großes Werk (»Origin of Species«), »zweifellos die wichtigste Arbeit meines Lebens«[62], für das er bereits im Sommer 1837 erste

---

59 Darwin (1887), S. 144–146.

60 In »Life and Letters« ist das Todesjahr des Vaters mit 1848 angegeben. Im Manuskript seiner Autobiografie findet sich von Darwin handschriftlich das Jahr 1847 genannt, »ein merkwürdiger Irrtum«, wie Darwins Enkelin Nora Barlow, Herausgeberin von »My Life«, bemerkte (Darwin 1887, S. 166).

61 Darwin (1887), S. 122.

62 Darwin (1887), S. 127.

Notizen niedergeschrieben hatte, aber erst im Herbst 1859 abschloss. Einen letzten, entscheidenden Anstoß zur Fertigstellung seines Buches erhielt er, als ihm der Naturforscher Alfred Russel Wallace[63] im Sommer 1858 ein Manuskript[64] sandte mit der Bitte, dieses zu prüfen und gegebenenfalls zur Veröffentlichung weiterzuleiten. »Diese Arbeit enthielt dieselbe Theorie wie meine«, schreibt Darwin. In kollegialer Abstimmung, bei der auch Darwins Mentoren einbezogen waren, wurde beschlossen, das Manuskript von Wallace und eine komprimierte Form von Darwins Werk (das als Buch erst ein Jahr später erscheinen sollte) als zwei getrennte Beiträge, aber gleichzeitig am 5. September 1858 im *Journal of the Proceedings of the Linnean Society* abzudrucken.[65] Erstaunlicherweise, so Darwin, »erregten unsere gemeinsam veröffentlichten Produkte kaum Aufmerksamkeit, und ich kann mich nur an eine vernichtende Rezension erinnern«.

Obwohl gesundheitlich weiterhin beeinträchtigt, betrieb Darwin nun aber nachdrücklich den Abschluss seines lange geplanten Werkes. »Das Buch kostete mich dreizehn Monate und zehn Tage harter Arbeit. Es erschien im No-

---

63 Alfred Russel Wallace (1823–1813) war britischer Naturforscher und Philosoph. Er hatte, wie Darwin, die Schriften des Nationalökonomen Malthus gelesen, und auch er war von diesen zu seiner Evolutionstheorie inspiriert worden, die er parallel zu Darwin und unabhängig von ihm entwickelt hatte. Und wie dieser vertrat auch Wallace Ansichten, die später als sozialdarwinistisch bezeichnet wurden. Beide lehnten beispielsweise die damals anlaufenden Impfprogramme (gegen Pocken und andere Infektionen) ab, da sie der Meinung waren, diese liefen der Selektion zuwider.

64 Die Arbeit von Wallace trug den Titel »On the tendency of varieties to depart indefinitely from the original type«.

65 Darwin (1887), S. 125 f.

vember 1859 unter dem Titel ›Origin of Species‹.«[66] Im Gegensatz zu den beiden ein Jahr zuvor publizierten Beiträgen von Wallace und Darwin fand dieses Buch immense Beachtung und wurde sofort ein Bestseller. »Es war von Anfang an ein großer Erfolg. Die erste kleine Auflage – 1250 Exemplare – war am Tage des Erscheinens schon ausverkauft und die zweite Auflage – 3000 Exemplare – bald darauf ebenfalls.«[67]

Es würde den Rahmen dessen sprengen, was mir hier auszuführen wichtig erschien, wenn ich die Spätphase von Darwins Leben einer näheren Betrachtung unterziehen wollte. 1871 erschien sein zweites Hauptwerk (»Descent of Man«), 1872 dann »The Expression of Emotion in Man and Animals«. Darwin starb, hoch angesehen, 1882 im 73. Lebensjahr. Mir kam es darauf an, in diesem vorletzten Kapitel auch aus einer biografischen Sicht den Weg dieses großen Biologen nachzuzeichnen. Dieser Weg hatte Darwin zu einer rational begründeten Theorie geführt, die das jahrhundertealte unhaltbare theologische Modell der Weltentstehung ablöste und das Denken befreite.

Ein Blick auf die Person und auf die weniger beachteten späteren Werke Darwins zeigt deutlich – und dies sollte hier im Vordergrund stehen –, dass er die Biosphäre nicht nur aus einer vom ökonomischen Denken inspirierten Außenperspektive betrachtete (zufällige Entstehung der Arten und Auswahl durch die Selektion), sondern durchaus auch eine biologische Innenperspektive beschrieben hat. Die Physiologie als Wissenschaft steckte zu Darwins

---

66 Darwin (1887), S. 127.

67 Darwin (1887), S. 127.

Zeiten in ihren Anfängen, Gene lagen damals weit außerhalb der Vorstellungswelt eines Biologen und die Molekularbiologie sollte noch über Jahrzehnte eine Terra incognita bleiben. Was Darwin – unter den Bedingungen seiner Zeit – wissen und beschreiben konnte, reichte daher nicht aus, um die biologischen Potenziale zu erkennen, die Lebewesen in sich tragen und sie nicht nur zu Objekten bzw. Betroffenen, sondern auch zu Akteuren des evolutionären Wandels machen.

10 Nach Darwin: Umrisse einer neuen Theorie

Darwins zentrale Erkenntnis, dass alles Leben aus einer evolutionären Entwicklung hervorgegangen und durch einen gemeinsamen Stammbaum verbunden ist, ist unumstößlich. Weitere Elemente der Evolutionstheorie Darwins – auch in der modernen Version der »New Synthesis«-Theorie – haben sich angesichts neuer Erkenntnisse jedoch schlicht als falsch erwiesen. Die Notwendigkeit einer neuen Theorie ist unabweisbar. Sie zu entwickeln ist dem Versuch vorzuziehen, ein nicht mehr lebensfähiges, weil unbrauchbares Konzept, wie es die Evolutionstheorie Darwins inzwischen darstellt, zu reanimieren. Eine »Neue Theorie« wird folgende tragende Säulen haben:

1. Biologische Systeme sind mehr als die Summe ihrer anorganischen und organischen Bestandteile. Was lebende Systeme von den Einzelelementen, aus denen sie bestehen, unterscheidet, ist fortwährende molekulare Kooperation und Kommunikation nach innen und nach außen. Den Anfang des Lebens machten vor rund 3,5 Milliarden Jahren lebende Ensembles, »supramoleku-

lare Aggregate« (Carl Woese[1]), bestehend aus RNS-Einzelbausteinen (Nukleotiden), den aus ihnen gebildeten Kettenmolekülen (RNS), aus Aminosäuren und schließlich den aus diesen zusammengesetzten Peptiden bzw. Proteinen. Diese frühe Phase des Lebens wird als RNS-Welt (auch dies ein von Woese geprägter Begriff) bezeichnet.

2. Aus DNS bestehende Gene sind ein vor spätestens etwa drei Milliarden Jahren aufgetretenes Produkt der RNS-Welt. Die Herstellung von DNS aus RNS ist ein seither auch weiterhin ablaufender Prozess (siehe Kapitel 6) – wenn auch in weit geringerem Maße als in der Frühphase der Evolution. Die RNS-Welt hat daher im Grunde bis heute nicht aufgehört fortzubestehen.
3. Gene waren in der Frühphase der Evolution »Nomaden«: Zwischen lebenden Systemen gab es einen fortlaufenden Austausch von genetischen Sequenzen, ein als horizontaler Gentransfer bezeichnetes Phänomen. Dies bedeutete einen spielerischen, kreativen rekombinatorischen »Suchprozess« der Evolution auf dem Weg zu lebensfähigen Systemen. Horizontaler Gentransfer hat sich – wenn auch mit abnehmender Tendenz – auch im weiteren Verlauf der Evolution ereignet und spielt bis heute eine – wenn auch nur noch geringe – Rolle.
4. Gene sind nicht autonom und schon gar nicht »egoistisch«, sondern fügen sich in mehrfacher Weise einer über RNS- und Proteinmoleküle ausgeübten Kontrolle der Zelle bzw. des Gesamtorganismus:

---

1 Woese (2002).

a. Genschalter, das heißt einem Gen vorgeschaltete sogenannte regulatorische DNS-Sequenzen, können spezifische aus der Sicht der DNS »von außen« kommende Signalbotenstoffe empfangen, die an diese Schalter binden und dazu führen, dass das nachgeschaltete Gen aktiviert oder deaktiviert wird. Umweltfaktoren üben so einen permanenten Einfluss auf die Genregulation aus.
b. Die Zelle hat die Möglichkeit, Genschalter – zum Beispiel durch die Anheftung von Methylgruppen an die DNS – biochemisch zu »versiegeln« und das nachgeschaltete Gen so mittel- oder langfristig »aus dem Verkehr« zu ziehen. Umweltfaktoren können eine solche sogenannte epigenetische Veränderung der DNS einerseits veranlassen, andererseits aber auch rückgängig machen. Eine weitere epigenetische Modifikation der DNS besteht für die Zelle darin, Strukturen (sogenannte Histone) zu verändern, um die herum die DNS nach Art einer Spule gewickelt ist.
c. Ein System kleiner RNS-Moleküle, die Mikro-RNS, ist in der Lage, die Funktion von Genen zu unterbinden, zum einen dadurch, dass die von Genen abgeschriebene RNS (»Messenger-RNS«) inaktiviert wird, zum anderen aber auch durch epigenetische Veränderungen der DNS (siehe 4b). Die unterschiedlichen Effekte von Mikro-RNS werden als RNS-Interferenz bezeichnet. Was Lebewesen erleben und wie sie sich verhalten, kann sich auf die Aktivität ihrer Mikro-RNS auswirken, das heißt, Umweltfaktoren haben Einfluss auf die RNS-Interferenz.

d. Aus dem Bereich normaler Körperzellen stammende Mikro-RNS kann ihre Wirkung auch in Zellen der Keimbahn entfalten und damit im an die Nachkommen weitergegebenen Erbgut. Da die RNS-Interferenz durch Umweltfaktoren beeinflusst werden kann, ist es prinzipiell möglich, dass sich Umweltfaktoren unter bestimmten Bedingungen auf das an die Nachkommen übertragene Erbgut auswirken.

5. Eine der Errungenschaften der DNS-Welt war die Entstehung eines Systems von hintereinander geschalteten Genen, die – als kooperierendes Ganzes – »Körperpläne« gespeichert (»kodiert«) haben. Die Produkte dieser Gene werden entlang einer räumlich-zeitlichen (spatiotemporalen) Abfolge produziert und sorgen dafür, dass ein Lebewesen mit einem bestimmten Körperbauplan entsteht. Die Entwicklung der »body plans« mehrzelliger Lebewesen war kein langsam-kontinuierlicher Zufallsprozess, sondern erfolgte in – nach evolutionären Maßstäben – relativ kurzer Zeit im Verlauf der »kambrischen Explosion« vor etwa 600 bis 530 Millionen Jahren. Damals entstanden zwei grundlegende Muster für Körperpläne, nämlich solche für radialsymmetrische sowie solche für rechts-links-symmetrische (bilateralsymmetrische) Lebewesen mit Körperlängsachse. Die Grundstruktur der Körperpläne für beide Fundamentalmuster wurde über den gesamten weiteren Verlauf der Evolution konserviert.
6. Genome (das heißt die Gesamtheit der in den Zellen eines Organismus vorhandenen DNS einschließlich aller Gene) sind keine statischen, sondern dynamische Systeme, die ihre eigene »Architektur« mittels molekularer

Werkzeuge (der Transpositionselemente, abgekürzt TEs) verändern können. TEs können insbesondere Gene verdoppeln. Die Zelle kann – durch Umwandlung von RNS in DNS (im Sinne eines Fortbestehens der RNS-Welt, siehe 2) – diese Werkzeuge, die TEs, herstellen und dem Genom hinzufügen. Wie das Genom insgesamt, so unterliegen auch seine TEs, die Veränderungen seiner Architektur veranlassen können, der Kontrolle der Zelle. Die Zelle hält TEs, die sich bereits im Genom befinden, »an der Leine« (vermutlich über die RNS-Interferenz) und bewahrt dadurch die Stabilität des Organismus.

7. Aus der Umwelt auf lebende Systeme massiv einwirkende Stressoren können Organismen bzw. deren Zellen veranlassen, die Werkzeuge für einen Umbau des Genoms (also die Transpositionselemente) »von der Leine« zu lassen. Dies kann über eine Neubildung solcher Werkzeuge und ihre anschließende Integration ins Genom oder über eine Aktivierung von bereits im Genom vorhandenen TEs geschehen. Aktivierte TEs können Gene (oder Teile von Genen) an eine andere Stelle innerhalb des Genoms versetzen, sie können Gene aber insbesondere auch verdoppeln und die hergestellten Kopien ins Genom an neuer Stelle einfügen. Die Tätigkeit der Transpositionselemente unterliegt nicht reinem Zufall, sondern erfolgt nach verschiedenen biologischen Regeln. Tendenziell werden bevorzugt solche Gene verdoppelt, die vom Organismus bisher besonders stark in Anspruch genommen wurden, das heißt sich als nützlich erwiesen haben.
8. Die Entstehung neuer Spezies beruht primär auf Ent-

wicklungsschüben des Genoms, die durch die eruptive Aktivierung von Transpositionselementen und nachfolgende Genduplikationen ausgelöst wurden. Punktmutationen der DNS (das heißt der Austausch von Einzelbausteinen, Nukleotiden, durch jeweils andere) wirken beim Prozess der Artenbildung sekundär mit. Punktmutationen sind – wie auch die Veränderungen der Genomarchitektur – kein völlig dem Zufall überlassener Prozess. Organismen bzw. ihre Zellen haben die Möglichkeit, bestimmte Bereiche des Genoms vor Punktmutationen aktiv zu schützen, andere Bereiche dagegen für Mutationen »freizugeben«. Dies ermöglicht es ihnen, beides sicherzustellen: Stabilität und Entwicklung.

9. Genomische Entwicklungsschübe und die Bildung neuer Spezies sind weder ein zufälliger noch ein langsam-kontinuierlicher Prozess. Artenbildungen sind das Werk einer inhärenten, in den jeweiligen Genomen selbst angelegten Dynamik. Lebende Systeme sind daher nicht nur Betroffene, sondern Akteure der Evolution. Die Herausbildung neuer Spezies entlang der Evolution erfolgte – vermutlich im Zuge von Reaktionen auf schwere klimatische Stressoren – in Schüben, denen lange Phasen der Stabilität (»Stasis«) folgten. Nicht alles, was durch genomische Entwicklungsschübe neu entstand oder entsteht, ist lebens- oder vermehrungsfähig. Insoweit bleibt die Selektion eine biologische Tatsache, allerdings in einem wesentlich anderen Sinne als im darwinistischen Dogma. Zum Untergang von Spezies kam es im Wesentlichen nicht aufgrund kontinuierlicher Selektion, sondern im Rahmen von umweltbedingten Massenauslöschungen, von denen in den

letzten 500 Millionen Jahren mindestens fünf besonders umfassend gewesen sind.

10. Lebende Systeme unterliegen zwar den Gesetzen der Physik und der Chemie, ihr *Verhalten* ist jedoch nicht Folge einer jeweiligen physikalischen oder chemischen Ursache, »die Biologie ist keine zweite Physik« (Ernst Mayr). Das Verhalten lebender Systeme orientiert sich ausschließlich an Signalen, die vom Organismus oder von der Zelle als Zeichen wahrgenommen werden können. Lebende Systeme sind – auf allen Ebenen des Organismus – Kommunikatoren:
    a. Nukleinsäuren (RNS, DNS) erkennen Sequenzen anderer Nukleinsäuren (so ist etwa DNS eine nach dem Spiegelprinzip gepaarte Doppelstruktur aus zwei sich gegenseitig erkennenden Strängen), aber auch bestimmte Aminosäuren bzw. Proteine.
    b. Rezeptoren (das heißt Protein-Empfängermoleküle) erkennen ihre jeweils spezifischen Liganden (das heißt Moleküle, die von ihnen gebunden werden).
    c. Zellen kommunizieren mittels ihrer Oberflächenrezeptoren mit anderen Zellen.
    d. Mehrzellige Organismen (sowohl Pflanzen als auch niedere Tierspezies) tauschen mit ihrer Umwelt und mit ihresgleichen Signale aus. Höhere Lebewesen kommunizieren mit ihrer Außenwelt – und erkennen sich gegenseitig – mittels ihrer Sinnessysteme.

Physikalische oder chemische Prozesse können auf biologische Systeme zwar einwirken (sie zum Beispiel zerstören), sie können deren *Verhalten* aber nur dann beeinflussen, wenn das lebende System über Rezeptoren bzw. Wahrnehmungsorgane für die jeweiligen Einwirkungen verfügt. (So kann beispielsweise Radioaktivität einen Menschen zwar töten, sein Verhalten kann durch sie aber nur dann beeinflusst werden, wenn die menschliche Intelligenz und mit ihrer Hilfe gebaute Apparate die Funktion eines Ersatzrezeptors übernommen haben, der in der Lage ist, ihre Wirkung zu erkennen.)

Zur Beziehung zwischen Biologie und den Geisteswissenschaften

Ein Streitpunkt seit Darwins Zeiten bleibt bis zum heutigen Tag die Beziehung der Biologie zur Philosophie und zu Fragen der Religion. Wie lässt sich – dies war und ist ein besonders sensibler Punkt – das Verhältnis zwischen Biologie und Theologie vernünftig beschreiben und gestalten? Letzterer kommt keine methodische Zuständigkeit für naturwissenschaftliche Fragen zu, und deshalb sollte sie sich auch nicht in die Beweisführungen empirischer Forschung einmischen. Soweit ich erkennen kann, wird dies inzwischen sowohl von der katholischen Kirche und den großen protestantischen Kirchen Europas als auch vom Buddhismus[2] respektiert. Der Kreationismus ist ein aus wissenschaftlicher Sicht völlig unbrauchbares Konzept. Seine Positionen haben in *biologischen* Lehrbüchern nichts zu suchen.

Umgekehrt steht der Biologie eine Bewertung religiöser Fragen nicht zu, denn wissenschaftliche Methoden sind nicht geeignet, zur Gottesfrage eine positive oder negative

---

2 Der Buddhismus versteht sich als nichttheistische Religion.

Auskunft zu erteilen. Polemische antireligiöse Kampagnen, wie sie in jüngster Zeit prominente soziobiologische Neodarwinisten geführt haben, sind meines Erachtens kein geeignetes Mittel, Einmischungen religiöser Fundamentalisten in wissenschaftliche Fragestellungen abzuwehren. Ohne Frage sind atheistische Positionen legitim, sie sind zu respektieren. Die Annahme jedoch, eine an wissenschaftlichen Prinzipien orientierte, ansonsten atheistische Grundhaltung diene notwendigerweise humanistischen Zielen, ist eine irrige Anmaßung. Verschiedene explizit atheistische, »Wissenschaftlichkeit« beanspruchende Regime, darunter das erklärtermaßen darwinistisch gesinnte Regime der Nazis[3], haben allein in den letzten hundert Jahren Verbrechen gegen die Menschlichkeit verübt, die den im Namen welchen Gottes auch immer begangenen weder qualitativ noch quantitativ nachstehen.

Darwin selbst nahm, wie erwähnt, gegenüber Fragen der Religion eine durchaus nachdenkliche Position ein. Am Ende seines Lebens schrieb er: »Ein ... Grund für den Glauben an die Existenz Gottes, der mit der Vernunft, nicht mit Gefühlen zusammenhängt, scheint mir ... ins Gewicht zu fallen. Dieser Grund ergibt sich aus der extremen Schwierigkeit oder eigentlich Unmöglichkeit, sich vorzustellen, dieses gewaltige, wunderbare Universum einschließlich des Menschen mitsamt seiner Fähigkeit, weit zurück in die Vergangenheit und weit voraus in die Zukunft zu blicken, sei nur das Ergebnis blinden Zufalls oder blinder

---

3 Siehe dazu unter anderem Weikart (2004), Bauer (2006). Auch totalitäre sozialistische Regime deklarierten sich gern als »wissenschaftlich«.

Notwendigkeit. Wenn ich darüber nachdenke, sehe ich mich gezwungen, auf eine erste Ursache zu zählen, die einen denkenden Geist hat, gewissermaßen dem menschlichen Verstand analog; und ich sollte mich wohl einen Theisten nennen.«[4] Nachdem er jedoch dazu wiederum einige Gegenargumente erwogen hatte – »ich schwankte jedoch sehr« –, kam er zu dem Schluss: »Das Mysterium vom Anfang aller Dinge können wir nicht aufklären; und ich jedenfalls muss mich damit zufriedengeben, ein Agnostiker zu bleiben.«[5]

Aus diesem Grunde sollten wir Wissenschaftler uns nicht darwinistischer aufführen, als Darwin selbst es war, und diejenigen, die an einen Gott glauben, respektieren. Die Bewahrung einer wissenschaftlichen Position – dies entspricht der Haltung Darwins – macht es nicht zwingend notwendig, atheistisch zu sein. Umgekehrt sind atheistische Auffassungen *per se* kein hinreichender Nachweis für wissenschaftliche Brillanz.

Wissenschaftliche Beweisführungen liegen ausschließlich in der Zuständigkeit der Wissenschaft selbst – insoweit haben auch Konzepte wie jenes des »Intelligent Design« *innerhalb der Biologie* keinen Platz.[6] Die Zuständigkeit dafür aber, was Wissenschaft darf, wem sie zu dienen hat und zu welchen Zwecken sie eingesetzt wird, besitzen keineswegs nur Naturwissenschaftler, sondern alle Mitglieder einer Gesellschaft. Es ist das Recht und die Aufgabe aller gesellschaftlichen Gruppen, dafür zu sorgen, dass die Würde des

---

4 Darwin (1887), S. 97.

5 Darwin (1887), S. 98.

6 Außerhalb der Biologie hat das auf Teilhard de Chardin zurückgehende (Chardin, 1999) Konzept seinen Platz als eines von vielen kosmologischen Modellen.

Menschen auch im Bereich der wissenschaftlichen Forschung gewahrt bleibt und dass eine faire Teilhabe aller an den Nutzanwendungen der Wissenschaft sichergestellt wird. Eine besondere, wichtige Rolle bei der Reflexion dessen, was »Würde des Menschen« und »faire Teilhabe« ist und was dies für naturwissenschaftliches Arbeiten bedeutet, haben dabei auch verschiedene nicht naturwissenschaftliche Disziplinen, insbesondere die Philosophie und die Rechtswissenschaften.[7] Dass darwinistische Biologen neuerdings den Geisteswissenschaften allen Ernstes den Wissenschaftsstatus absprechen wollen, da sie lediglich »Verbalwissenschaften« seien[8], ist nicht nur bedenklich, sondern gefährlich, weil sich hier ein biologistischer Allmachtsanspruch zeigt, wie er in unserem Lande bereits zwischen 1870 und 1945 zu beobachten war.[9] Und schließlich nochmals zur Theologie: Wenn sie sich nicht als Werkzeug der Entmündigung versteht, wenn stattdessen »Gott« eine Metapher dafür sein sollte, dass sich Menschen einem Bemühen unterwerfen, über alle Kulturen und über die endlose Reihe von Generationen hinweg Menschlichkeit zu bewahren[10], dann steht auch der Theologie – wie der Philosophie – ein Mitspracherecht im gesellschaftlichen Diskurs über das zu, was Wissenschaftler tun.

---

7 Siehe dazu unter anderem Ganten et al. (2008), Rawls (2006).

8 Kutschera (2008): Nach Ansicht dieses Autors ergibt »nichts in den Geisteswissenschaften einen Sinn, außer im Lichte der Biologie«.

9 Siehe dazu nochmals Weikart (2004) sowie Bauer (2006).

10 Ein solches Gottesverständnis sollte die gemeinsame Basis der Religionen sein, würde aber Raum lassen dafür, was »Gott« den jeweiligen Gläubigen zusätzlich bedeutet.

Anhang 1: Auflistung verschiedener Typen von Transpositionselementen

Die Transpositionselemente in den Genomen verschiedener Spezies gleichen einander hinsichtlich prinzipieller Merkmale.[1] Im menschlichen Erbgut lassen sich – wie bei allen Säugetieren – die folgenden vier Typen von Transpositionselementen (TEs) finden[2]:

1. »Selbstständige Einheimische«. Ich bezeichne diese TEs, die selbstständig aktiv werden können[3], hier als Einheimische, weil sie ihren Ursprung im eigenen Genom haben.[4] Ihre Fachbezeichnung lautet LINE (Long Interspersed Nucleotide Elements). Im menschlichen Genom vorherrschend ist ein LINE-Typ namens LINE-1. Das menschliche Genom enthält 850 000 LINE-Elemente, die 21 Prozent (!) des Erbgutes ausmachen.[5] Funktionstüchtig sind innerhalb des menschlichen Genoms allerdings nur noch etwa 100 LINE-Elemente.
2. »Unselbstständige Einheimische«. Diese TEs sind unselbstständig, weil sie nicht von allein aktiv werden kön-

1 Pardue et al. (2001), Arkhipova und Morrison (2001).

2 International Human Genome Sequencing Consortium (2001, 2004).

3 Vorausgesetzt, sie werden von der Zelle nicht aktiv daran gehindert.

4 Das Ausgangsmaterial, aus welchem die Zelle »selbstständige Einheimische«/LINE und »unselbstständige Einheimische«/SINE bzw. Alu herstellt, ist zelluläre RNS. Diese wird von der Zelle in DNS umgeschrieben (revers transkribiert) und dann sozusagen auf das eigene Genom losgelassen (Jurka, 2004).

5 Bezugsgröße für die Prozentangaben (den Anteil der vier TE-Typen am Genom betreffend) ist das in irgendeiner Weise *aktive* Erbgut, das sogenannte Euchromatin. Etwa 95 Prozent des gesamten menschlichen Genoms sind Euchromatin, der Rest wird als Heterochromatin bezeichnet.

nen, sondern die Hilfe der »selbstständigen Einheimischen« benötigen. Ihre Fachbezeichnung lautet SINE (Short Interspersed Nucleotide Elements). Im Genom von Primaten (einschließlich des Menschen) findet sich eine besondere Unterform von SINE-Elementen namens Alu. Die Zahl der Alu-Elemente beim Menschen übertrifft eine Million, sie bilden zusammen 13 Prozent des menschlichen Genoms. Auch von ihnen ist inzwischen nur noch ein kleiner Teil funktionstüchtig.

3. »Eingebürgerte Virale«. TEs dieses Typs sind zu einem weit zurückliegenden Zeitpunkt als sogenannte Retroviren eingewandert und im Wirtsgenom heimisch geworden, wo sie selbstständig als TEs aktiv werden können. Ihre Fachbezeichnung ist »LTR« (Long Terminal Repeats). LTR bilden 8 Prozent des menschlichen Genoms.
4. »Eingebürgerte Gypsies«. Diese TEs sind die späten Nachkommen von bakteriellen Genen, die, wie bereits beschrieben, in der Frühzeit der Evolution zwischen verschiedenen einzelligen Organismen »auf Wanderschaft« waren (ein als horizontaler Gentransfer bezeichnetes Phänomen). Horizontaler Gentransfer findet auch heute noch statt, wenn auch in geringerem Umfang als in den Frühzeiten der Evolution. Bei ihrer Einwanderung ins Wirtsgenom brachten die »eingebürgerten Gypsies« ihr jeweiliges Gen mit (mehr als 220 menschliche Gene stammen von derartigem horizontalem Gentransfer). Zwischenzeitlich haben sich die »Gypsies« innerhalb ihrer Wirtsgenome in TEs verwandelt. In der Fachsprache heißen sie »DNA transposons«. Sie bilden immerhin noch 3 Prozent des menschlichen Genoms!

Anhang 2: Anhaltspunkte, die darauf hinweisen, dass Transpositionselemente die von ihnen duplizierten Gensequenzen nicht ausschließlich nach dem Zufallsprinzip im Genom inserieren

1. Die Tatsache, dass Transpositionselemente innerhalb des menschlichen Genoms eine in hohem Maße ungleichmäßige lokale Verteilung zeigen: Sowohl »selbstständige Einheimische«/LINE-1 als auch »unselbstständige Einheimische«/Alu finden sich *außerhalb* von Genen[1] (das heißt dort, wo keine Gefahr besteht, dass sie den Text eines Gens unterbrechen oder zerstören) sieben- bis zehnmal häufiger als im übrigen Genom.[2]
2. Der äußerst bedeutsame Umstand, dass Transpositionselemente jene Bereiche des Erbguts aussparen, in denen sich Gene befinden, die das Grundschema des Körperbaus programmieren (also die für den »body plan« zuständigen Hox-Gene, siehe Seite 61 f.). Dass diese Regionen vor Dekonstruktion aktiv geschützt werden, reflektiert eine zentrale, ein Mindestmaß an Stabilität erhaltende Eigenschaft lebender Systeme.
3. Die Beobachtung, dass Transpositionselemente im menschlichen Genom eine »Vorliebe« für bestimmte DNS-Sequenzen, also für bestimmte genetische »Textstücke« haben, wobei noch nicht ganz klar ist, worin die-

1 Genauer: außerhalb von Protein-kodierenden DNS-Sequenzen.
2 Li et al. (2001).

se Präferenz begründet liegt und welchen Zweck sie hat: »Selbstständige Einheimische«/LINE-1 inserieren sich und ihre Fracht bevorzugt in Genabschnitte mit einer Häufung der DNS-Einzelbausteine (Nukleotide) A (Adenin) und T (Tymin). Dem entspricht eine von LINE-1 speziell bevorzugte DNS-Sequenz.[3] »Unselbstständige Einheimische«/Alu dagegen inserieren sich und die von ihnen mitgeführten Genkopien in Abschnitte des Genoms, in denen sich gehäuft DNS-Einzelbausteine G (Guanin) und C (Cytosin) befinden. Die von SINE/Alu-Elementen speziell bevorzugte Kurzsequenz scheint dem zu widersprechen.[4] Nach einer jüngeren Analyse scheinen Transpositionselemente vom Typ SINE/Alu sowohl in AT- als auch GC-reiche DNS-Sequenzen zu inserieren.[5]

4. Die Tatsache, dass sich dort, wo im menschlichen Genom die Kopien großer Genabschnitte (sogenannte segmentale Duplikationen) angesiedelt sind, im jeweiligen Flankenbereich in hohem Maße Transpositionselemente konzentrieren (sowohl LINE-1- als auch SINE/Alu- und LTR-Elemente).[6] Diese selektive Flankenpositionierung, die eine entscheidende Voraussetzung dafür ist, dass »sinnvolle« Genabschnitte dupliziert werden konnten (anstatt wahllos aufgegriffene DNS-Stücke), ist ein wei-

3 Die Sequenz lautet: 5' TTTT/A 3'. Der Schrägstrich bezeichnet die Insertionsstelle (Cao et al., 2006).

4 Diese Sequenz lautet 5' TT/AAA 3'. Auch hier markiert der Schrägstrich den Ort der Insertion (Jurka, 2004).

5 Evan Eichler entdeckte, dass Alu-Elemente Sequenzen bevorzugen, die eine niedere Komplexität (und stattdessen zahlreiche Wiederholungen) aufweisen; sie treten in besonderer Häufung im Bereich von Zentromeren auf (Zentromere sind im mittleren Bereich von Chromosomen gelegene Einschnürungen). Aus diesem Grunde befinden sich auffallend viele Duplikationen dort (Eichler, 2008).

6 Johnson et al. (2006).

terer Hinweis darauf, dass sich Transpositionselemente im Genom ihre »Adressen« nicht zufällig aussuchen.

5. Die im Genom verschiedener Spezies (einschließlich Mensch, Maus, Fruchtfliege und Hefezellen) gemachte Beobachtung, dass Transpositionselemente im Genom die spezifische Nähe von Genschaltern, also die Startpositionen von Genen suchen.[7] Es scheint also eine Tendenz zu geben, dupliziertes Genmaterial dorthin abzusetzen (zu »inserieren«), wo Genschalter vorhanden sind, die irgendwann für eine Aktivierung neuer Gene zur Verfügung stehen könnten.

---

7 Shapiro (1999), International Human Genome Sequencing Consortium (2001, 2004), Mouse Genome Sequencing Consortium (2002).

Zitierte Literatur

Alkan, C., et al. (2007): Organization and evolution of primate centromeric DNA from whole-genome shotgun sequence data. PLOS Computational Biology 3:e181 DOI 10:1371.

Alvarez, L. W., et al. (2000): Extraterrestrial cause for the cretaceous-tertiary extinction. Science 208:1095.

Anbar, A. D. und Knoll, A. H. (2002): Proterozoic Ocean Chemistry and Evolution: A Bioorganic Bridge? Science 297:1137.

Archibald, D. J. (2003): Timing and biogeography of the eutherian radiation: Fossils and molecules compared. Mol. Phylogenet. Evol. 28:350.

Arkhipova, I. R., und Morrison, H. G. (2001): Three retrotransposons in the genome of Giardia lamblia: Two telomeric, one dead. PNAS 98:14497.

Bailey, J. A., et al. (2004): Hotspots of mammalian chromosomal evolution. Genome Biol. 5:R23.

Baron-Cohen, S. et al. (2005): Sex differences in the brain: Implications for explaining austism. Science 310:819.

Battistuzzi, F. U., et al. (2004): A genomic timescale of prokaryote evolution: Insights into the origin of methanogenesis, phototrophy, and the colonization of land. BMC Evol. Biol. 4:44.

Bauer, Joachim: Alle maßgeblichen wissenschaftlichen Publikationen des Autors sind im Anschluss in einer getrennten Aufstellung aufgeführt. Nur die im Text des Buches zitierten Arbeiten des Autors finden sich hier unmittelbar nachfolgend.

Bauer, J. (2002): Das Gedächtnis des Körpers. Wie Beziehungen und Lebensstile unsere Gene steuern. Eichborn, Frankfurt a. M., und Piper, München.

Bauer, J. (2003): Arzneimittelunverträglichkeit – Wie man die Betroffenen herausfischt. Die Identifikation von Patienten mit verminderter Entgiftungsfunktion der Leber infolge Polymorphismen des P450-Enzymsystems. Deutsches Ärzteblatt 100:A1654.

Bauer, J. (2005): Warum ich fühle, was du fühlst. Intuitive Kommunikation und das Geheimnis der Spiegelneurone. Hoffmann und Campe, Hamburg.

Bauer, J. (2006): Prinzip Menschlichkeit. Warum wir von Natur aus kooperieren. Hoffmann und Campe, Hamburg.

Bell, P. (2008): The viral eukarygenesis theory and eukaryotic evolution. Kongress »Natural Genetic Engineering and Natural Genome Editing«, Salzburg, 3.–6. Juli.
Bengtson, S. (1991): Oddballs from the Cambrian start to get even. Nature 351:184.
Bennet, K. D. (2004): Continuing the debate on the role of Quaternary environmental change for macroevolution. Phil. Trans. R. Soc. Lond. B 359:295.
Benton, M. J., et al. (2000): Quality of the fossil record through time. Nature 403:534.
Bergson, H. (1907): Schöpferische Entwicklung. Sonderausgabe anlässlich der Verleihung des Nobelpreises 1927. Coron, Zürich.
Bestor, T. H. (1999): Sex brings transposons and genomes into conflict. Genetica 107:289.
Bhattacharyya et al. (2006): Relief of microRNA-mediated translational repression in human cells subjected to stress. Cell 125:1111.
Bininda-Edmonds, O. R. P., et al. (2007): The delayed rise of present-day mammals. Nature 446:507.
Borenstein, E., und Ruppin, E. (2006): Direct evolution of genetic robustness in microRNA. PNAS 103:6593.
Borowsky, R. (2008): Restoring sight in blind cavefish. Current Biology 18:R23.
Bolwby, J. (1988): Secure Base: Parent-child attachment and healthy human development. Routledge, London.
Bradshaw, V. A., und McEntee, K. (1989): DNA damage activates transcription and transposition of yeast Ty retrotransposons. Mol. Gen. Genet. 218:465.
Brocks, J. J., et al. (1999): Archean molecular fossils and the early rise of eukaryotes. Science 285:1033.
Brosius, J. (1999): Genomes were forged by massive bombardments with retroelements and retrosequences. Genetica 107: 209.
Brosius, J. (2002): Gene duplication and other evolutionary strategies: from the RNA world to the future. Journal of Structural and Functional Genomics 3:1.
Brosius, J. (2003): The contribution of RNAs and retroposition to evolutionary novelties. Genetics 118:99.
Brosius, J. (2005): Echoes from the past – are we still in an RNP world? Cytogenet. Genome Res. 110:8.
Brown, D. M., et al. (2007): Extensive population genetic structure in the giraffe. BMC Biology 5:57.

Cao, X., et al. (2006): Noncoding RNAs in the mammalian central nervous system. Annu. Rev Neurosci. 29:77 (2006).

Canestro, C., et al. (2007): Evolutionary developmental biology and genomics. Nature 8:931

Canfield, D. E. und Teske, C. (1996): Late proterozoic rise in atmospheric oxygen concentration inferred from phylogenetic and sulphur-isotope studies. Nature 382:127.

Chang, T.-C., und Mendell, J. T. (2007): Roles of microRNAs in vertebrate physiology and human disease. Annu. Rev. Genomics Hum. Genet. 8:215.

Chardin, T. de (1999): Der Mensch im Kosmos. Beck, München (Jahr des ersten Erscheinens: 1955).

Ciccarelli, F. D., et al. (2005): Complex genomic rearrangements lead to novel primate gene function. Genome Res. 15:343.

Cichlid Genome Consortium (2007): News and updates. 22. Dezember. www.cichlid.umd.edu/CGCindex.html.

Coghlan, A., et al. (2005): Chromosome evolution in eukaryotes: A multikingdom perspective. Trends in Genetics 21:673.

Coluzzi, M., et al. (2002): A polytene chromosome analysis of the Anopheles gambiae species complex. Science 298:1415.

Cooper, G. M., et al. (2007): Mutational and selective effects on copynumber variants in the human genome. Nature Genetics Supplement 39:S22.

Costa, A. P. P., et al. (1999): Retrolycl-1, a member of the Tnt1 retrotransposon super-family in the *Lycopersicon peruvianum* genome. Genetica 107:65.

Crick, F. (1970): Central Dogma of Molecular Biology. Nature 227:561.

Darwin, C. (1859/ 2002): Über die Entstehung der Arten durch natürliche Zuchtwahl. Deutsche Ausgabe (2002): Meco, Dreieich.

Darwin, C. (1871/2005): Die Abstammung des Menschen. Deutsche Ausgabe (2005): Volmedia, Paderborn.

Darwin, C. (1872/2000)): Der Ausdruck der Gemütsbewegungen bei dem Menschen und den Tieren. Eichborn (»Die andere Bibliothek«), Frankfurt a. M.

Darwin, C. (1887/1993): Mein Leben. Insel, Frankfurt a. M.

Dawkins, R. (1976/2004): Das egoistische Gen. Rowohlt, Reinbek. Erstveröffentlichung 1976 bei Oxford University Press.

Dawkins, R. (2007a): Der Gotteswahn. Ullstein, Berlin.

Dawkins, R. (2007b): »Die Wahrscheinlichkeit, dass es keinen Gott gibt, würde ich bei 98 Prozent ansetzen«. Interview in: Welt am Sonntag, 16. September 2007.

Demuth, J. P., et al. (2006): The evolution of the mammalian gene families. PLOS One 1:e85 DOI: 10.1371.

Dewannieux, M., et al. (2003): LINE-mediated retrotransposition of marked Alu sequences. Nat. Genet. 35:41.

Ding, G., et al. (2006): Insights into coupling of duplication events and macroevolution from an age profile of animal transmembrane gene families. PLOS Comput. Biol. 2(8):e102.

Dollard, J., et al. (1939): Frustration and Aggression. Yale University Press. New Haven, Conn.

Du, C., et al. (2006): Retrotransposition in orthologous regions of closely related grass species. BMC Evolutionary Biology 6:62.

Eichler, E. E., und Sankoff, D. (2003): Structural dynamics of eukaryotic chromosome evolution. Science 301:783.

Eichler, E. (2005): A new view of human-chimpanzee genome differences. 1. September. www.hhmi.org/news/eichler2.html.

Eichler, E. (2008): Duplication-mediated variation, disease, and adaptive evolution. 19. Februar. www.hhmi.org/research/investigators/eichler.html.

Eisenberger, N. L., et al. (2003): Does rejection hurt? An fMRI study of social exclusion. Science 302:290.

Elbashir, S., et al. (2001a): RNA interference is mediated by 21- and 22-nucleotide RNAs. Genes Dev. 15:188.

Elbashir, S., et al. (2001b): Duplexes of 21-nucleotide RNAs mediate RNA interference in cultivated mammalian cells. Nature 411:494.

Enard, W., et al. (2002): Intra- and interspecific variation in primate gene expression patterns. Science 296:340.

Erwin, D. H. (2001): Lessons from the past: Biotic recoveries from mass extinctions. PNAS 98:5399.

Esnault, C., et al. (2000): Human LINE retrotransposons generate processed pseudogenes. Nat. Genet. 24:363.

Fike, D. A., et al. (2006): Oxidation of the Ediacaran ocean. Nature 444:744.

Filler, A. (2007): Homeotic evolution in the mammalian: Diversification of therian axial seriation and the morphogenetic basis of human origins. PLoS ONE 2(10):e1019.

Fiore, R., und Schratt, G. (2007): MicroRNAs in synapse development: tiny molecules to remember. Expert Opin. Biol. Ther. 7:1823.

Fiore, R., et al. (2008): MicroRNA function in neuronal development, plasticity and disease. Biochim. Biophys. Acta, doi:10.1016/j.bbagrm.2007.12.006.

Fire, A. (2006): Gene silencing by double stranded RNA. Nobel Lecture. www.nobelprize.org.

Föger, B., und Taschwer, K. (2003): Konrad Lorenz. Zsolnay, Wien.

Fortna, A., et al. (2004): Lineage-specific gene duplication and loss in human and great ape evolution. PLOS Biology DOI: 10.1371.

Foster, P.L. (1993): Adaptive mutation: The uses of adversity. Ann. Rev. Microbiol. 47:467.

Foster, P.L., und Rosche, W.A. (1999): Increased episomal replication accounts for the high rate of adaptive mutation in recD mutants of Echerichia coli. Genetics 152:15.

Fox-Keller, E. (1983): A Feeling for the Organism: The Life and Work of Barbara McClintock. Freeman, San Francisco.

Gabbott S. E., und Zalasiewicz, J. (2008): Sedimentation of the Phyllopod bed within the Burgess shale foundation. J. Geol. Soc. 165:307.

Galitski, T., und Roth, J.R. (1995): Evidence that F plasmid transfer replication underlies apparent adaptive mutation. Science 268:421.

Ganten, D., et al., Hrsg. (2008): Was ist der Mensch? De Gruyter, Berlin/ New York.

Garcia-Fernandez, J. (2005): The genesis and evolution of homeobox gene clusters. Nature Reviews Genetics 6:881.

Girard, A., et al. (2006): A germline-specific class of small RNAs binds mammalian Piwi proteins. Nature 422:199.

Goethe, J.W. von (1808): Faust.

Gonzales, E., et al. (2005): The influence of CC3L1 gene-containing segmental duplications on HIV-1/AIDS susceptibility. Science 307:434.

Gould, S. J., und Eldredge, N. (1993): Punctuated equilibrium comes of age. Nature 366:223.

Graham, L. E., et al. (2000): The origin of plants: Body plan changes contributing to a major evolutionary radiation. PNAS 97:4535.

Grover, D., et al. (2003): Non-random distribution of Alu elements in genes of various functional categories: Insight from analysis of human chromosomes 21 and 22. Molecular Biology and Evolution 20:1420.

Gu, X., et al. (2002): Age distribution of human gene families shows significant roles of both large- and small-scale duplications in vertebrate evolution. Nature Genetics 31:205.

Hagan et al. (2003): Human Alu element retrotransposition induced by genotoxic stress. Nat. Genet. 35:219.

Hall, B.G. (1999): Transposable elements as activators of cryptic genes in E. coli. Genetica 107:181.

Heimberg, A. M., et al. (2008): MicroRNAs and the advent of vertebrate morphological complexity. PNAS 105:2946.
Hinman, V. F., und Davidson (2007): Evolutionary plasticity of developmental gene regulatory network architecture. PNAS 104:19404.
Hoffman, P. F., et al.: A neoproterozoic snowball earth. Science 281:1342.
Horman, S. P., et al. (2006): The potential regulation of L1 mobility by RNA interference. J. Biomedicine and Biotechnology. Article ID 32713.
Horvath, J. E., et al. (2005): Punctuated duplication seeding events during the evolution of human chromosome 2p11. Genome Res. 15:914.
International Human Genome Sequencing Consortium (2001): Initial sequencing and analysis of the human genome. Nature 409:860.
International Human Genome Sequencing Consortium (2004): Finishing the euchromatic sequence of the human genome. Nature 431:931.
Insel, T. R. (2003): Is social attachment an addictive disorder? Physiology and Behavior 79:351.
Insel, T, und Fernald, R. (2004): How the brain processes social information: Searching for the social brain. Annual Review of Neuroscience 27:697.
Jacob, F., und Monod, J. (1961): Genetic regulatory mechanisms in the synthesis of proteins. J. Mol. Biol. 3:318.
Jaillon, O., et al. (2004): Genome duplication in the teleost fish Tetraodon nigroviridis reveals the early vertebrate proto-karyotype. Nature 431:941.
Jakobsson, M., et al. (2008): Genotype, haplotype and copy-number variation in worldwide human populations. Nature 451:998.
Jiang, Z., et al. (2007): Ancestral reconstruction of segmental duplications reveals punctuated cores of human genome evolution. Nature Genetics. Published online October 7. DOI: 10.1038.
Johnson, M. E., et al. (2006): Recurrent duplication-driven transposition of DNA during hominoid evolution. PNAS 103:17626.
Jun, Z., et al. (2008): Worldwide human relationships inferred from genome-wide patterns of variation. Science 319:1100.
Jurka, J. (2004): Evolutionary impact of human Alu repetitive elements. Current Opinion in Genetics and Development 14:603.
Jurka, J., et al. (2005): Repbase Update, a database of eukaryotic repetitive elements. Cytogenet. Genome Res. 110:462 (2005).
Kim, V. N. (2006): Small RNAs just got bigger: Piwi-interacting RNAs (piRNAs) in mammalian testes. Genes and Development 20:1993.
Kirchner, J. W., und Weil, A. (2000): Delayed biological recovery from extinctions troughout the fossil record. Nature 404:177.

Kirchner, J. W., und Weil, A. (2005): Fossils make waves. Nature 434:147.

Knoll, A. H. (1996): Archean and Proterozoic Paleontology. In: Jansonius, J., und McGregor, D. C. (Hrsg.): Paleontology. American Association of Startigraphic Plynologists Foundation. 1996.

Knoll, A. H., und Carroll, S. B. (1999): Early animal evolution: Emerging views from comparative biology and geology. Science 284:2129.

Koonin, E. V., und Dolja, V. V. (2006): Evolution of complexity in the viral world: The dawn of a new vision. Virus Research 117:1.

Kowallik, K. V. (1999): Endosymbiose – ein Motor der Evolution. Biologen heute 1/1999. Siehe www.biologentag.de/vdbiol/content/e3/e132/e2219/index_ger.html.

Kropotkin, P. (1902): Gegenseitige Hilfe in der Tier- und Menschenwelt. Neuauflage 1977 im Karin Kramer Verlag, Berlin.

Krull, M., et al. (2007): Functional persistence of exonized mammalian-wide interspersed repeat elements. Genome Research 17:1139.

Kump, L. R., und Barley, M. E. (2007): Increased subaerial volcanism and the rise of atmospheric oxygen 2.5 billion years ago. Nature 448:1033.

Kump, L. R. (2008): The rise of atmospheric oxygen. Nature 451:277.

Kump, L. R., und Pollard, D. (2008): Amplification of cretaceous warmth by biological cloud feedbacks. Science 320:195.

Kunimatsu, Y., et al. (2007): A new late Miocene great ape from Kenya and its implications for the origins of African great apes and humans. PNAS 104:19220.

Kurzban, R., und Houser, D. (2005): Experiments investigating cooperative types in humans. Proceedings of the National Academy of Sciences PNAS 102:1805.

Kutschera, U. (2003): Designer scientific literature. Nature 423:116.

Kutschera, U., und Niklas, K. J. (2004): The modern theory of biological evolution: An expanded synthesis. Naturwissenschaften 91:255.

Kutschera, U. (2008): Lobenswerte Bemühungen. Laborjournal 6/2008.

Lamrani, S., et al. (1999): Starvation-induced Mucts62-mediated coding sequence fusion. Molec. Micriobiol. 32:327.

Lemov, R. (2005): World as Laboratory. Experiments with mice, mazes, and men. Hill and Wang, New York.

Lewis, E. B. (1995): The bithorax complex: The first fifty years. Nobel Lecture. www.nobelprize.org.

Li, W. H., et al. (2001): Evolutionary analysis of the human genome. Nature 409:847.

Loeber, R., et al. (2005): The prediction of violence and homicide in young men. Journal of Consulting and Clinical Psychology 73:1074.

Lönnig, W. E., und Saedler, H. (2002): Chromosome rearrangements and transposable elements. Annu. Rev. Genet. 36:389.

Lorenz, K. (1963/Lizenzausgabe 1995): Das sogenannte Böse. Weltbild, Augsburg.

Luo, Z. X., et al. (2007): A new eutriconodont mammal and evolutionary development in early mammals. Nature 446:288.

Maenhaut-Michel, G., und Shapiro, J. A. (1994): The roles of starvation and selective substrates in the emergence of araB-lacZ fusion clones. EMBO J 13:5229.

Maenhaut-Michel, G., et al. (1997): Different structures of selected and unselected araB-lacZ fusions. Molec. Micro. 23:1133.

Maier, W., und Zobel, A. (2008): Contribution of allelic variations to the phenotype of response to antidepressants and antipsychotics. Eur. Arch. Psychiatry Clin. Neurosci. 258 (Suppl. 1):12.

Malthus, T. R. (1798): Essay on the Principle of Population.

Margulis, L. (1970): The origin of the eukaryotic cell. Yale University Press.

Margulis, L. (1993): Symbiosis in cell evolution: Microbial communities in the Archean and Proterozoic eons (2nd edition). W. H. Freeman, New York.

Margulis, L., Dolan, M. F., und Guerrero, R. (2000): The chimeric eukaryote: Origin of the nucleus from the karyomastigont in amitochondriate protists. PNAS 97:6954.

Marques-Bonet, T., et al. (2009): A burst of segmental duplications in the genome of the African great ape ancestor. Nature 457:877.

Martin, S. E., und Caplen, N. J. (2007): Applications of RNA interference in mammalian systems. Annu. Rev. Genomics Hum. Genet. 8:81.

Mattick, J. S. (2009): A new view of the evolution and genetic programming of complex organisms. Annals NYAS 1178:29-46.

Matzke, M. A., et al. (1999): Host defenses to parasitic sequences and the evolution of epigenetic control mechanisms. Genetica 107:271.

Mavarez, J., et al. (2006): Speciation by hybridization in Heliconius butterflies. Nature 441:868.

Mayr, E. (1960): The emergence of evolutionary novelties. In: Tax, S. (Hrsg.): Evolution after Darwin, S. 349 – 380. The University of Chicago Press, Chicago.

Mayr, E.: Die Biologie ist keine zweite Physik. Interview in: Die Welt vom 3. Juli 2004.

McClintock, B. (1950): The origin and behavior of mutable loci in maize. PNAS 36:344.

McClintock, B. (1983): The significance of responses of the genome to challenge. Nobel Lecture. www.nobelprize.org.

McClintock, B. (1984): Significance of responses of the genome to challenge. Science 226:792.

Medvedev, M. V., und Melott, A. L. (2007): Do extragalactic cosmic rays induce cycles in fossil diversity? Astrophysical Journal 664:879.

Mello, C. C. (2006): Return to the RNA world: Rethinking gene expression and evolution. Nobel Lecture. www.nobelprize.org.

Meyer, A. (2001): Evolutionary Celebrities. Nature 410:17 (dieser Text des Konstanzer Biologen Axel Meyer ist eigentlich die Besprechung eines im Jahre 2000 erschienenen Buches von George W. Barlow über »Cichlid Fishes«, enthält selbst aber eine Reihe interessanter Daten).

Milgram, S. (1963): Behavioral study of obidience. Journal of Abnormal and Social Psychology 67:371.

Milgram, S. (1965): Some conditions of obidience and disobidience to authority. Human Relations 18:57.

Miller, A. I. (1998): Biotic transitions in global marine diversity. Science 281:1157.

Morris, P. J., et al. (1995): The challenge of paleoecological stasis: Reassessing source of evolutionary stability. PNAS 92:11269.

Morris, S. C. (2000): The Cambrian »explosion«: Slow-fuse or megatonnage? PNAS 97:4426.

Morris, S. C. (2003): Lifes's Solutions: Inevitable Humans in a Lonely Universe. Cambridge University Press. Deutsche Ausgabe (2008): Jenseits des Zufalls. Wir Menschen im einsamen Universum. Berlin University Press.

Morris, K. V., et al. (2004): Small interfering RNA-induced transcriptional gene silencing in human cells. Science 305:1289.

Mouse Genome Sequencing Consortium (2002): Initial sequencing and comparative analysis of the mouse genome. Nature 420:520.

Müller, R. D., et al. (2008): Long-term sea-level fluctuations driven by ocean basin dynamics. Science 319:1357.

Mulley, J., und Holland, P. (2004): Small genome, big insights. Nature 431:916.

Murphy, W. J., et al. (2001): Resolution of the early placental mammal radiation using bayesian phylogenetics. Science 294:2348.

Niller, H. H., et al. (2004): A 30 kb region of the Epstein-Barr virus genome is colinear with the rearranged human immunoglobulin gene loci: Implications for a »ping-pong evolution« model for persisting viruses and their hosts. Acta Microbiologica et Immunologica Hungarica 51:469.

Niller, H. H. (2004): Darwin darf nicht sterben. Laborjournal Juli/August (siehe auch Laborjournal 2/2005).

Nowak, M. A. (2006): Five rules for the evolution of cooperation. Science 314:1560.
Nunoya, K., et al. (1999): Homologous unequal cross-over within the human CYP2A gene cluster. J. Biochem. 126:402.
Nüsslein-Volhard, C. (1995): The identification of the genes controlling development in the flies and fishes. Nobel Lecture. www.nobelprize.org.
Ochumba, P. B. O. (1990): Massive fish kills within the Nyanza gulf of lake Victoria, Kenya. Hydrobiologia 208:93.
Pardue, M.-L., et al. (2001): Another protozoan contributes to understanding telomeres and transposable elements. PNAS 98:14195.
Park, J., et al. (2006): Deletion polymorphism of UDP-glucuronosyltransferase 2B17 and risk of prostate cancer in African American and Caucasian men. Cancer Epidemiol. Biomarkers Prev. 15:1473.
Patterson, N., et al. (2006): Genetic evidence for complex speciation of humans and chimpanzees. Nature 441:1103.
Pennisi, E. (2007): A new window on how genomes work. Science 316:1120.
Pennisi, E. (2007): Jumping genes hop into the evolutionary limelight. Science 317:894.
Perry, G. H., et al. (2007): Hotspots for copy number variation in chimpanzees and humans. PNAS 103:8006.
Peters, J. E., und Benson, S. A. (1995): Redundant transfer of F' plasmids occurs between Escherichia coli cells during nonlethal selection. J. Bacteriol. 177:847.
Peterson, K. J., und Butterfield, N. J. (2005): Origin of the eumetazoa: Testing ecological predictions of molecular clock against the proterozoic fossil record. PNAS 102:9547.
Perry, G. H., et al. (2006): Hotspots for copy number variation in chimpanzees and humans. PNAS 103:8006.
Ploy, M.-C., et al. (2000): Integrons: an antibiotic resistance gene capture and expression system. Clinical chemistry and Laboratory Medicine 38:483.
Pomposiello, P. J., et al (2001): Genome-wide transcriptional profiling of the Escherichia coli responses to superoxide stress and sodium salicylate. Journal of Bacteriology 183:3890.
Prostas, M., et al. (2008): Regressive evolution in the Mexican cave Tetra, Astyanax mexicanus. Current Biology 17:452.
Radicella, J. P., et al. (1995): Adaptive mutation in Escherichia coli: A role for conjugation. Science 268:418.
Raup, D. M., und Sepkoski, J. J. (1982): Mass extinctions in the marine fossil record. Science 215:1501.

Raup, D. M., und Sepkoski, J. J. (1984): Periodicity of extinctions in the geologic past. PNAS 81:801.
Rawls, J. (2006): Gerechtigkeit als Fairness. Suhrkamp, Frankfurt a. M.
Recchia, G. D., und Hall, R. (1995): Gene cassettes: a new class of mobile element. Microbiology 141:3015.
Rensing, S. A., et al. (2008): The Physcomitrella genome reveals evolutionary insights into the conquest of land by plants. Science 319:64.
Rocha, E. P. C. (2008): An appraisal of the potential for illegitimate recombination in bacterial genomes and its consequences. Genome Research 13:1123.
Rohde, R. A., und Muller, R. A. (2005): Cycles in fossil diversity. Nature 434:208.
Roy-Engel, A., et al. (2001): Alu insertion polymorphism for the study of human genomic diversity. Genetics 159:279.
Salzburger, W., et al. (2008): Annotation of expressed sequence tags for the East African cichlid fish *Astatotilapia burtoni* and evolutionary analysis of cichlid ORFs. BMC Genomics 9:96.
Sanfey, A. G., et al. (2003): The neural basis of economic decision-making in the ultimatum game. Science 300:1755.
Schankler, D. M. (1981): Local extinction and ecological re-entry of early Eocene mammals. Nature 293:135.
Scherer, S., und Junker, R. (2003): Evolution. Aus: Enzyklopädie Naturwissenschaft und Technik. 2. Auflage. 8. Ergänzungslieferung 2/2003. Ecomed, Landsberg/Lech.
Schmidt-Salomon, M. (2006): Manifest des evolutionären Humanismus. Plädoyer für eine zeitgemäße Leitkultur (2. Auflage). Alibri, Aschaffenburg.
Schratt, G. M., et al. (2006) A brain-specific microRNA regulates dendritic spine development. Nature 439:283.
Scott, C., et al. (2008): Tracing the stepwise oxygenation of the Proterozoic ocean. Nature 452:456.
Shapiro, J. A. (1984): Observations on the formation of clones containing araB-lacZ cistron fusion. Molec. Gen. Genet. 194:79.
Shapiro, J. A., und Leach, D. (1990): Action of a transposable element in coding sequence fusions. Genetics 126:293.
Shapiro, J. A. (1995): Adaptive mutation: Who is really in the garden? Science 268: 373.
Shapiro, J. A. (1996): A Third Way. Boston Review (February/March issue). www.bostonreview.net/br22.1/shapiro.html.
Shapiro, J. A. (1997): Genome organization, natural genetic engineering and adaptive mutation. Trends Genet. 13:98.

Shapiro, J. A. (1999): Transposable elements as the key to a 21st century view of evolution. Genetic 107:171.

Shapiro, J. A., und Sternberg, R. von (2005): Why repetitive DNA is essential to genome function. Biol. Rev. 80:1.

Shapiro, J. A. (2005): A 21st century view of evolution: genome system architecture, repetitive DNA, and natural genetic engineering. Gene 345:91.

Shapiro, J. A. (2006): Genome informatics: The role of DNA in cellular computations. Biological Theory 1:288.

Shapiro, J. A. (2009): Revisiting the central dogma in the 21st century. Annals NYAS 1178:6–28.

She, X., et al. (2004): Shotgun sequence assembly and recent segmental duplications within the human genome. Nature 431:927.

Shen et al. (2008): The Avalon Explosion: Evolution of the Ediacara morphospace. Science 319:81.

Singer, T., et al. (2006): Empathic neural responses are modulated by the perceived fairness of others. Nature 439:466.

Spoor, F., et al. (2007): Implications of new early Homo fossils from Ileret, east of lake Turkana, Kenya. Nature 448:688.

Spork, P. (2009): Der zweite Code. Epigenetik – oder wie wir unser Erbgut steuern können. Rowohlt, Reinbek.

Stanley, S. M. (1999): Earth System History. Freeman, New York.

Storch, V., et al. (2007): Evolutionsbiologie. 2. Auflage. Springer, Berlin/Heidelberg.

Suwa, G., et al. (2007): A new species of great ape from late Miocene epoch in Ethiopia. Nature 448:921.

Tabara, H., et al. (1999): The rde-1 gene, RNA interference, and transposon silcencing in C. elegans. Cell 99:123.

The Human Genome Structural Variation Working Group (Eichler et al.) (2007): Completing the map of human genetic variation. Nature 447:161.

Thiel, T. (2008): Auch der Atheismus pflegt seine Heiligen. Frankfurter Allgemeine Zeitung vom 5. März.

Thomas, B. C., und Melott, A. L. (2006): Gamma-ray bursts and terrestrial planetary atmospheres. New Journal of Physics 8:120.

Turner, G. F. (2007): Adaptive radiation of cichlid fish. Current Biology 17:R827.

Turner, T. L., et al. (2005): Genomic islands of speciation an Anopheles gambiae. PLOS Biology 3:1572.

Tuschl, T., et al. (1999): Targeted mRNA degradation by double-stranded RNA in vitro. Genes Dev. 13:3191.

Tuthill, P. G., et al. (2008): The prototype colliding-wind Pinwheel WR 104. The Astrophysical Journal 675:698.

Venkatesh, B., et al. (2007): Survey sequencing and comparative analysis of the elephant shark genome. PLoS ONE 5(4):e101
Venter, C., et al. (2001): The sequence of the human genome. Science 291:1304.
Versteeg, R., et al. (2003): The human transcriptome map reveals extremes in gene density, intron length, GC content, and repeat pattern for domains of highly and weakly expressed genes. Genome Research 13:1998.
Visser, J. A. G. M de, et al. (2003): Evolution and detection of genetic robustness. Evolution 57:59.
Wagner, G. P., et al. (2003): Hox cluster duplications and the opportunity for evolutionary novelties. PNAS 100:14603.
Wang, W., und Lan, H. (2000): Rapid and parallel chromosomal number reductions in Muntjac deer inferred from mitochondrial DNA phylogeny. Mol. Biol. Evol. 17:1326.
Warneken, F., und Tomasello, M. (2006): Altruistic helping in human infants and young chimpanzees. Science 311:1301.
Weikart, R. (2004): From Darwin to Hitler. Evolutionary Ethics, Eugenics, and Racism in Germany. Palgrave MacMillan, New York.
Wieschaus, E. (1995): From the molecular patterns to morphogenesis: The lessons from Drosophila. Nobel Lecture. www.nobelprize.org.
Williamson, P. G. (1981): Palaeontological documentation of speciation in Cenozoic molluscs from Turkana basin. Nature 293:437.
Witzany, G. (2009): A perspective on natural genetic engineering and natural genome editing. Annals NYAS 1178:1–5.
Woese, C. R., und Fox, G. E. (1977): Phylogenetic structure of the prokaryotic domain: The primary kingdoms. PNAS 74:5088.
Woese, C. R., et al. (1990): Towards a natural system of organisms: proposal for the domains Archaea, Bacteria, and Eucarya. PNAS 87:4576.
Woese, C. R. (2000): Interpreting the universal phylogenetic tree. PNAS 97:8392.
Woese, C. R. (2002): On the evolution of cells. PNAS 99:8742.
Wong, K. K., et al. (2007): A comprehensive analysis of common copy-number variations in the human genome. The American Journal of Human Genetics 80:91.
Yao, M.-C., et al. (2003): Programmed DNA deletion as an RNA-guided system of genome defense. Science 300:1581.
Zimmermann, T. S., et al. (2006): RNAi-mediated gene silencing in non-human primates. Nature 441:111.
Zippelius, H.-M. (1992): Die vermessene Theorie. Eine kritische Auseinandersetzung mit der Instinkttheorie von Konrad Lorenz und verhaltenskundlicher Forschungspraxis. Vieweg, Braunschweig.

Wissenschaftliche Publikationen des Autors
(in der Reihenfolge ihres Erscheinens)

Gross, V., Andus, T., Tran-Thi, T. A., Bauer, J., Decker, K., Heinrich, P. C. (1984): Induction of acute phase proteins by dexamethasone in rat hepatocyte primary cultures. Exp. Cell Res. 151:46–54.

Bauer, J., Birmelin, M., Northoff, G. H., Northemann, W., Tran-Thi, T. A., Ueberberg, H., Decker, K., Heinrich, P. C. (1984): Induction of rat alpha2-macroglobulin in vivo and in hepatocyte primary cultures: synergistic action of glucocorticoids and a Kupffer cell-derived factor. FEBS (Federation of the European Biochemical Societies) Lett. 177:89–94.

Bauer, J., Kurdowska, A., Tran-Thi, T. A., Budek, W., Koj, A., Decker, K., Heinrich, P. C. (1985): Biosynthesis and secretion of alpha1 acute-phase globulin in primary cultures of rat hepatocytes. Eur. J. Biochem. 146:347–352.

Bauer, J., Weber, W., Tran-Thi, T. A., Northoff, G. H., Decker, K., Gerok, W., Heinrich, P. C. (1985): Murine interleukin 1 stimulates alpha2-macroglobulin synthesis in rat hepatocyte primary cultures. FEBS (Federation of the European Biochemical Societies) Lett. 190:271–274.

Northemann, W., Heisig, M., Kunz, D., Bauer, J., Birmelin, M., Tran-Thi, T. A., Decker, K., Heinrich, P. C. (1985): Biosynthesis of alpha2-macroglubulin. Biochem. Soc. Transact. 13:285–287.

Volk, B. A., Bauer, J., Tauber, R., Decker, K., Dieter, P., Kreisel, W., Gerok, W. (1985): Biosynthesis of different molecular forms of DPP IV from rat hepatocytes and Kupffer cells. in: Cells of the Hepatic Sinusoid (A. Kirn, D. L. Knook, E. Wisse, Hrsg.). Rijswijk, The Netherlands.

Geiger, T., Andus, T., Kunz, D., Heisig, M., Northoff, H., Bauer, J., Tran-Thie, T. A., Decker, K., Heinrich, P. C. (1986): Induction of acute phase protein synthesis: studies on the regulation of rat alpha 2 macroglobulin in vivo and in hepatocyte primary cultures. In: Modulation of Liver Cell Expression (W. Reutter, H. Popper, I. M. Arias, P. C. Heinrich, D. Keppler, L. Landmann, Hrsg.). Lancaster/Boston/The Hague/Dordrecht.

Bauer, J., Tran-Thi, T. A., Northoff, H., Hirsch, F., Schlayer, H. J., Gerok, W., Heinrich, P. C. (1986): The acute-phase induction of alpha2-macroglobulin in rat hepatocyte primary cultures: action of a hepatocyte-stimulating factor, trijodothyronine and dexamethasone. Eur. J. Cell Biol. 40:86–93.

Northoff, H., Andus, T., Tran-Thi, T. A., Bauer, J., Decker, K., Kubanek, B., Heinrich, P. C. (1987): The inflammation mediators interleukin 1 and hepatocyte-stimulating factor are differently regulated in human monocytes. Eur. J. Immunol. 17:707 – 711.

Andus, T., Heinrich, P. C., Bauer, J., Tran-Thi, T. A., Decker, K., Männel, M., Northoff, H. (1987): Discrimination of hepatocyte-stimulating activity from human recombinant tumor necrosis factor alpha. Eur. J. Immunol. 17:1193–1197.

Ganter, U., Bauer, J., Schulz-Huotari, C., Gebicke-Haerter, P. J., Beeser, H., Gerok, W. (1987): Repression of alpha2-macroglobulin and stimulation of alpha1-antitrypsin synthesis in human mononuclear phagocytes by endotoxin. Eur. J. Biochem. 169:13 – 20.

Andus, T., Geiger, T., Hirano, T., Northoff, H., Ganter, U., Bauer, J., Kishimoto, T., Heinrich, P. C. (1987): Recombinant human B cell stimulatory factor 2 (BSF-2/IFN-β2) regulates β-fibrinogen and albumin mRNA levels in FAO-9 cells. FEBS (Federation of the European Biochemical Societies) Lett. 221:18 – 22.

Geiger, T., Andus, T., Bauer, J., Northoff, H., Ganter, U., Hirano, T., Kishimoto, T., Heinrich, P. C. (1988): Cell-free-synthesized interleukin-6 (BSF-2/IFN-β2) exhibits hepatocyte-stimulating activity. Eur. J. Biochem. 175:181 – 186.

Gebicke-Haerter, P. J., Bauer, J., Brenner, A., Gerok, W. (1987): Alpha2-macroglobulin synthesis in an astrocyte subpopulation. J. Neurochem. 49:1139 – 1145.

Bauer, J., Gebicke-Haerter, P. J., Ganter, U., Richter, I., Gerok, W. (1988): Astrocytes synthesize and secrete alpha 2 macroglobulin: differences between the regulation in rat liver and brain. in: Proteases II (H. Hörl und A. Heidland, Hrsg.). New York/London.

Bauer, J., Ganter, U., Geiger, T., Jacobshagen, U., Hirano, T., Matsuda, T., Kishimoto, T., Andus, T., Acs, G., Gerok, W., Ciliberto, G. (1988): Regulation of interleukin-6 expression in cultured human monocytes and monocyte-derived macrophages. Blood 72:1134 – 1140.

Bauer, J., Ganter, U., Gerok, W. (1988): Endotoxin abolishes the induction of alpha 2 macroglobulin synthesis in cultured human monocytes indicating inhibition of the terminal maturation into macrophages. In: Proteases II (H. Hörl und A. Heidland, Hrsg.). Plenum, New York/ London.

Bauer, J., Lengyel, G., Bauer, T. M., Acs, G., Gerok, W. (1989): Regulation of interleukin-6 receptor expression in human monocytes and hepatocytes. FEBS (Federation of the European Biochemical Societies) Lett. 249:27 – 30.

Ganter, U., Bauer, J., Majello, B., Gerok, W., Ciliberto, G. (1989): Characterization of mononuclear-phagocyte terminal maturation by mRNA phenotyping using a set of cloned cDNA probes. Eur. J. Biochem. 185:291–296.

Bauer, J., Bauer, T.M., Kalb, T., Lengyel, G., Taga, T., Hirano, T., Kishimoto, T., Acs, G., Mayer, L., Gerok, W. (1989): Interleukin-6 receptor expression in human monocytes and monocyte-derived macrophages: comparison with the expression in hepatocytes. J. Exp. Med. 170:1537–1549.

Banerjee, R., Karpen, S., Siekevitz, M., Lengyel, G., Bauer, J., Acs, G. (1989): Tumor necrosis factor alpha induces a kB-specific DNA-binding protein in human hepatoblastoma HepG2 cells. Hepatology 10:1008–1013.

Gebicke-Haerter, P.J., Bauer, J., Schobert, A., Northoff, H. (1989): Lipopolysaccharide-free conditions in primary astrocyte cultures allow growth and isolation of microglial cells. J. Neurosci. 9:183–194.

Northoff, H., Bauer, J., Schobert, A., Flegel, W.A., Gebicke-Haerter, P.J. (1989): Lipopolysaccharide (LPS)-free conditions allow growth and purification of postnatal brain macrophages (microglia). J. Immunol. Meth. 116:147.

Bauer, J. (1989): Interleukin-6 and its receptor during homeostasis, inflammation, and tumor growth. Klin. Wochenschr. 67: 697–706.

Gross, V., Vom Berg, D., Kreuzkamp, J., Ganter, U., Bauer, J., Würtemberger, G., Schulz-Huotari, C., Beeser, H., Gerok, W. (1990): Biosynthesis and secretion of M- and Z-type alpha1-antitrypsin by human monocytes. Effects of glycosilation inhibitors. Biochem Biophys Hoppe-Seyler 371:231–238.

Busam, K.J., Bauer, T.M., Bauer, J., Gerok, W., Decker, K. (1990): Interleukin-6 release by rat liver macrophages. J. Hepatology 11:367–373.

Sperber, K., Bauer, J., Pizzimenti, A., Majfeld, V., Mayer, L. (1990): Identification of subpopulations of human macrophages through the generation of human macrophage hybridomas. J. Immunol. Meth. 129:31–40.

Busam, K.J., Homfeld, A., Zawatzky, R., Kästner, S., Bauer, J., Gerok, W., Decker, K. (1990): Virus- vs. endotoxin-induced activation of liver macrophages. Eur. J. Biochem. 191:577–582.

Spriggs, M.K., Lioubin, P.J., Slack, J., Dower, S.K., Jonas, U., Cosman, D., Sims, J.E., Bauer, J. (1990): Induction of an interleukin-1 receptor (IL-1R) on monocytic cells. J. Biol. Chem. 265:22499–22505.

Bauer, J., Lengyel, G., Thung, S.N., Jonas, U., Gerok, W., Acs, G. (1991): Human hepatocytes respond to inflammatory mediators and excrete bile. Hepatology 13:1131–1141.
Ganter, U., Strauss, S., Jonas, U., Weidemann, A., Beyreuther, K., Volk, B., Berger, M., Bauer, J. (1991): Alpha 2-macroglobulin synthesis in interleukin-6-stimulated human neuronal (SH-SY5Y neuroblastoma) cells. FEBS Lett. 282:127–131.
Bauer, J., König, G., Strauss, S., Jonas, U., Ganter, U., Weidemann, A., Mönning, U., Masters, C.L., Volk, B., Berger, M., Beyreuther, K. (1991): In-vitro matured human macrophages express Alzheimer's βA4-amyloid precursor protein indicating synthesis in microglial cells. FEBS Lett. 282:335–340.
Bauer, J., Strauss, S., Schreiter-Gasser, U., Ganter, U., Schlegel, P., Witt, I., Volk. B., Berger, M. (1991): Interleukin-6 and Alpha 2-macroglobulin indicate an acute-phase state in Alzheimer's disease cortices. FEBS (Federation of the European Biochemical Societies) Lett. 285:11–114.
Bauer, J., Strauss, S., Volk, B., Berger, M. (1991): IL-6-mediated events in Alzheimer's disease pathology. Immunology Today 12:422.
Andus, T., Bauer, J., Gerok, W. (1991): Effects of cytokines on the liver. Hepatology 13:364–375.
Bauer, J. (1991): Human recombinant IL-6: clinical promise. Biotechnology Therapeutics 2 (3&4):285–298.
Bauer, J., Ganter. U., Strauss, S., Stadtmüller, G., Bauer, H., Volk, B., Berger, M. (1992): The participation of interleukin-6 in the pathogenesis of Alzheimer's disease. Research in Immunology (Institute Pasteur/Elsevier Press), 143:650–657.
Bauer, J., Kasper, J., Frommberger, U., Hohagen, F., Stadtmüller, G., Berger, M. (1992): Differenzierung und Genese von Bewusstseinsstörungen. Intensivmedizin und Notfallmedizin 29 (Suppl. I):3–9.
Strauss, S., Bauer, J., Ganter, U., Jonas, U., Berger, M., Volk, B. (1992): Detection of interleukin-6 and alpha 2-macroglobulin immunoreactivity in cortex and hippocampus of Alzheimer's disease patients. Lab. Invest. 66:223–230.
König, G., Mönning, U., Czech, C., Prior, R., Banati, R., Schreiter-Gasser, U., Bauer, J., Master, C. L., Beyreuther, K. (1992): Identification and differential expression of a novel alternative splicing isoform of the βA4 amyloid precursor protein (APP) mRNA in leukocytes and brain microglial cells. J. Biol. Chem. 267:10804–10809.
Bauer, J., Ganter, U., Abel, J., Strauss, S., Jonas, U., Weiß, R., Gebicke-Haerter, P., Volk, B., Berger, M. (1993): Effects of interleukin-1 and interleukin-6 on metallothionein and amyloid precursor protein expres-

sion in human neuroblastoma cells. Evidence that IL-6 possibly acts via a receptor different from the 80 kD IL-6 receptor. J. Neuroimmunol. 45:163–174.
Ehrhard, P. B., Ganter, U., Bauer, J., Otten, U. (1993): Expression of functional trk protooncogene in human monocytes. Proc. Natl. Acad. Sci. USA (PNAS) 90:5423–5427.
Bahn, S., Ganter, U., Bauer, J., Otten, U., Volk, B. (1993): Influence of phenytoin on cytoskeletal organization and cell viability of immortalized mouse hippocampal neurons. Brain Res. 615:160–169.
Nörenberg, W., Appel, K., Bauer, J., Gebicke-Haerter, P. J., Illes, P. (1993): Expression of an outward rectifying K+ channel in rat microglia cultivated in teflon. Neuroscience Letters 160:69–72.
Hohagen, F., Timmer, J., Weyerbrock, A., Fritsch-Montero, R., Ganter, U., Krieger, S., Berger, M., Bauer, J. (1993): Cytokine production during sleep and wakefulness and its relationship to cortisol in healthy humans. Neuropsychobiology 28:9–16.
Ehrhard, P. B., Ganter, U., Schmutz, B., Bauer, J., Otten, U. (1993): Expression of low-affinity NGF receptor and trkB mRNA in human SH-SY5Y neuroblastoma cells. FEBS (Federation of the European Biochemical Societies) Lett. 330:287–292.
Bauer, J., Hohagen, F., Ebert, T., Timmer, J., Ganter, U., Krieger, S., Lis, S., Postler, E., Voderholzer, U., Berger, M. (1994): Interleukin-6 serum levels in healthy persons correspond to the sleep-wake-cycle. Clinical Investigator 72:315.
Hager, K., Machein, U., Krieger, S., Platt, D., Seefried, G., Bauer, J. (1994): Interleukin-6 and selected plasma proteins in healthy persons of different ages. Neurobiol. Aging 15:771–772.
Bauer, J. (1994): Die Alzheimer-Krankheit. Neurobiologie, Psychosomatik, Diagnostik und Therapie. Schattauer, Stuttgart.
Hager, K., Machein, U., Krieger, S., Felicetti, M., Bauer, J. (1995): Altersabhängigkeit von Interleukin-6 und Akut-Phase-Proteinen. Fortschr. Med. 113:21–22.
Hüll, M., Strauss, S., Volk, B., Berger, M., Bauer, J. (1995): Interleukin-6 is present in early stages of plaque formation and is restricted to the brains of Alzheimer's patients. Acta Neuropathologica 89:544–551.
Bauer, J., Stadtmüller, G., Qualmann, J., Bauer, H. (1995): Prämorbide psychologische Prozesse bei Alzheimer-Patienten und bei Patienten mit vaskulären Demenzerkrankungen. Zeitschr. Gerontol. Geriatr. 28:179–189.
Bauer, J., Hohagen, F., Gimmel, E., Bruns, F., Lis, S., Krieger, S., Ambach, W., Guthmann, A., Grunze, H., Fritsch-Montero, R., Weißbach, A.,

Ganter, U., Frommberger, U., Riemann, D., Berger, M. (1995): Induction of cytokine synthesis and fever suppresses REM sleep and improves mood in patients with major depression. Biol. Psychiatry 38:611–621.
Scheidt, C. E., Bauer, J. (1995): Zur Psychotherapie somatoformer Schmerzstörungen im Alter. Zeitschr. Gerontol. Geriatr. 28:339–348.
Fischer, B., Retchkiman, I., Bauer, J., Platt, D., Popa-Wagner, A. (1995): Pentalenetetrazole-induced seizure up-regulates levels of microtubule-associated protein 1B mRNA and protein in the hippocampus of the rat. J. Neurochem. 65:467–470.
Voderholzer, U., Hohagen, F., Postler, E., Berger, M., Bauer, J. (1995): Zirkadiane Rhythmik von Zytokinen und Schlaf-Wach-Rhythmus. Z. Allg. Med. 71:232–238.
Fischer, B., Schmoll, H., Riederer, P., Bauer, J., Platt, D., Popa-Wagner, A. (1995): Complement C1q and C3 mRNA expression in the frontal cortex of Alzheimer's patients. J. Mol. Med. 73:465–471.
Fiebich, B. L., Lieb, K., Berger, M., Bauer, J. (1995): Stimulation of the sphingomyelin pathway induces interleukin-6 gene expression in human astrocytoma cells. J. Neuroimmunol. 63:207–211 (1995).
Bauer, J. (1995): Demenz vom Alzheimer-Typ. Deutsches Ärzteblatt 92, Heft 3, A138–139.
Bauer, J. (1995): Psychosomatische Aspekte der Adnexitis. in: Erweiterte Schulmedizin (R. Saller und H. Feiereis, Hrsg.), Band 2: Psychosomatische Medizin und Psychotherapie (H. Feiereis und R. Saller, Hrsg.). Hans Marseille Verlag, München.
Lieb, K., Kaltschmidt, C., Kaltschmidt, B., Baeuerle, P. A., Berger, M., Bauer, J., Fiebich, B. L. (1996): Interleukin-1β uses common and distinct signaling pathways for induction of the interleukin-6 and tumor necrosis factor alpha genes in the human astrocytoma cell line U373. J. Neurochem. 66:1496–1503.
Fiebich, B. L., Biber, K., Gyufko, K., Berger, M., Bauer J, van Calker, D. (1996): Adenosine A2b recetors mediate an increase in interleukin (IL)-6 mRNA and IL-6 protein synthesis in human astroglioma cells. J. Neurochem. 66:1426–1431.
Fiebich, B. L., Biber, K., Lieb, K., van Calker, D., Berger, M., Bauer, J., Gebicke-Haerter, P. J. (1996): Cyclooxygenase-2 expression in rat microglia is induced by adenosine A2a-receptors. Glia 18:152–160.
Fiebich, B. L., Lieb, K., Hüll, M., Berger, M., Bauer, J. (1996): Effects of NSAIDs on IL-1β-induced IL-6 mRNA and protein synthesis in human astrocytoma cells. NeuroReport 7:1206–1213.

Lieb, K., Fiebich, B. L., Busse-Grawitz, M., Hüll, M., Berger, M., Bauer, J. (1996): Effects of substance P and selected other neuropeptides on the synthesis of interleukin-1β and interleukin-6: a reexamination. J. Neuroimmunol. 67:77–81.

Weyerbrock, A., Timmer, J., Hohagen, F., Berger, M., Bauer, J. (1996): Effects of light and chronotherapy on human circadian rhythms in delayed sleep phase syndrome (DSPS): Cytokines, cortisol, growth hormone and the sleep-wake cycle. Biol. Psychiatry 40:794–797.

Hüll, M., Strauss, S., Berger, M., Volk, B., Bauer, J. (1996): The participation of interleukin-6, a stress-inducible cytokine, in the pathogenesis of Alzheimer's disease. Behav. Brain Res. 78:37–41.

Hüll, M., Berger, M., Volk, B., Bauer, J. (1996): Occurence of interleukin-6 in cortical plaques of Alzheimer's disease patients may precede transformation of diffuse into neuritic plaques. In: The Neurobiology of Alzheimer's Disease. Annals of the New York Academy of Sciences 777:205–212.

Lieb, K., Fiebich, B. L., Schaller, H., Berger, M., Bauer, J. (1996): Interleukin-1β and Tumor Necrosis Factor a induce expression of a1-Antichymotrypsin in human astrocytoma cells by activation of nuclear factor kappa B. J. Neurochem. 67:2039–2044.

Sandbrink, R., Zhang, D., Schaeffer, S., Masters, C. L., Bauer, J., Beyreuther, K. (1996): Missense mutations of the S182/PS1 gene in german early-onset Alzheimer's disease patients. Annals of Neurology 40:265–266.

Lieb, K., Dammann, G., Berger, M., Bauer, J. (1996): Das Chronische Müdigkeitssyndrom (»Chronic Fatigue Syndrome«/CFS): Definition, diagnostische Maßnahmen und Therapiemöglichkeiten. Der Nervenarzt 67:711–720.

Hüll, M., Fiebich, K., Lieb, K., Strauss, S., Berger, M., Volk, B., Bauer, J. (1996): Interleukin-6-associated inflammatory processes in Alzheimer's disease: New therapeutic options. Neurobiol. Aging 17:795–800.

Hüll, M., Strauss, S., Berger, M., Volk, B., Bauer, J. (1996): Inflammatory mechanisms in Alzheimer's disease. Eur. Arch. Psychiatry Clin. Neurosci. 246:124–128.

Bauer, J. (1996): Disturbed synaptic plasticity and the psychobiology of Alzheimer's disease. Behavioural Brain Research 78:1–2.

Lieb, K., Hufert, F., Bechter, K., Bauer, J., Kornhuber, J. (1997): Depression, Borna virus, and amantadine. Lancet 349:958.

Lieb, K., Fiebich, B. L., Hüll, M., Berger, M., Bauer, J. (1997): Potent inhibition of interleukin-6 in a human astrocytoma cell line by tenidap. Cell Tissue Res. 288:251–257.

Fiebich, B. L., Hüll, M., Lieb, K., Gyufko, K., Berger, M., Bauer, J. (1997): Prostaglandin E2 induces interleukin-6 synthesis in human astrocytoma cells. J. Neurochemistry 68:704–709.

Bauer, M. K. A., Lieb, K., Schulze-Osthoff, K., Berger, M., Gebicke-Haerter, P., Bauer, J., Fiebich, B. L. (1997): Expression and regulation of cyclooxygenase-2 in rat microglia. Eur. J. Biochem. 243:726 – 731.

Frommberger, U. H., Bauer, J., Haselbauer, P., Fräulin, A., Riemann, D., Berger, M. (1997): Interleukin-6 plasma levels in depression and schizophrenia: comparison between the acute state and after remission. Eur. Arch. Psychiatry Clin. Neurosci. 247:228 – 233.

Wolf, R., Orszagh, M., März, W., Rösler, N., Berger, M., Bauer, J. (1997): Revision of an Alzheimer's diagnosis in a patient with an almost normal CT scan: Why strategic vascular lesions may be overlooked. Alzheimer's Research 3:73 – 76.

Heese, K., Fiebich, B. L., Bauer, J., Otten, U. (1997): Nerve growth factor (NGF) expression in rat microglia is induced by adenosine A2a-receptors. Neuroscience Letters 231:83 – 86.

Lieb, K., Hallensleben, W., Czygan, M., Stitz, L., Staeheli, P., Bauer, J., et al. (1997): No Borna disease virus-specific RNA detected in blood from psychiatric patients in different regions of Germany. The Lancet 350:1002.

Lieb, K., Fiebich, B. L., Berger, M., Bauer, J., Schulze-Osthoff, K. (1997): The neuropeptide Substance P activates transcription factor NF-kB and kB-dependent gene expression in human astrocytoma cells. J. Immunol. 159:4952 – 4958.

Lieb, K., Vaith, P., Berger, M., Bauer, J. (1997): Immunologische Systemerkrankungen als Differentialdiagnose in der Psychiatrie. Nervenarzt 68:696–707.

Normann, C., Hesslinger, B., Bauer, J., Berger, M., Walden, J. (1998): Die Bedeutung des hepatischen Cytochrom-P-450-Systems für die Psychopharmakologie. Nervenarzt 69:944 – 955.

Lieb, K., Schaller, H., Berger, M., Bauer, J., Schulze-Osthoff, K., Fiebich, B. L. (1998): Substance P and histamine induce interleukin-6 expression in human astrocytoma cells by a mechanism involving protein kinase C and nuclear factor IL-6. J. Neurochem. 70:1577 – 1583.

Hüll, M., Fiebich, B. L., Dykierek, P., Schmidtke, K., Nitzsche, E., Orszagh, M., Deuschl, G., Moser, E., Schumacher, M., Lücking, C., Berger, M., Bauer, J. (1998): Early onset of Alzheimer's disease due to mutations of the presenilin-1 gene on chromosome 14: A 7-year follow-up of a patient with a mutation at codon 139. Eur. Arch. Psychiat. Clin. Neurosci. 248:123 – 129.

Fiebich, B. L., Hüll, M., Lieb, K., Schumann, G., Berger, M., Bauer, J. (1998): Potential link between interleukin-6 and arachidonic acid metabolism in Alzheimer's disease. J. Neural Transm. 53 (suppl.):269–278.

Schumann, G., Fiebich, B. L., Menzel, D., Hüll, M., Butcher, R., Nielsen, P., Bauer, J. (1998): Cytokine-induced transcription of protein-tyrosine-phosphatases in human astrocytoma cells. Mol. Brain Res. 62: 56–64.

Bauer, J., Qualmann, J., Stadtmüller, G., Bauer, H. (1998): Lebenslaufuntersuchungen bei Alzheimer-Patienten. Qualitative Inhaltsanalyse prämorbider Entwicklungsprozesse. In: Psychosoziale Gerontologie. Bd. II: Intervention (A. Kruse, Hrsg.). Jahrbuch der Medizinischen Psychologie, S. 251–274. Hogrefe, Göttingen.

Hüll, M., Eistetter, J., Fiebich, B., Bauer, J. (1999): Glutamate but not interleukin-6 influences the phosphorylation of tau in primary rat hippocampal neurons. Neuroscience Letters 261:33–36.

Fiebich, B. L., Hofer, T. J., Lieb, K., Huell, M., Butcher, R. D., Schumann, G., Schulze-Osthoff, K., Bauer, J. (1999): The non-stroidal anti-inflammatory drug tepoxalin inhibitis interleukin-6 and alpha1-antichymotrypsin synthesis in astrocytes by preventing degradation of IkappaB-alpha. Neuropharmacology 38:1325–1333.

Akiyama, H., Barger, S., Barnum, S., Bradt, B., Bauer, J., Cole, G. M., Cooper, N. R., et al. (2000): Inflammation in Alzheimer's Disease. Neurobiol. Aging 21:383–421.

Juengling, F. D., Ebert, D., Gut, O., Engelbrecht, M. A., Rasenack, J., Nitzsche, E. U., Bauer, J., Lieb, K. (2000): Prefrontal cortical hypometabolism during low-dose interferon alpha treatment. Psychopharmacology 152:383–389.

Schaefer, M., Engelbrecht, M. A., Gut, O., Fiebich, B. L., Bauer, J., Schmidt, F., Grunze, H., Lieb, K. (2002): Interferon alpha and psychiatric syndromes. Progress in Neuro-Psychopharmacology and Biological Psychiatry 26:731–746.

Bauer, J., Häfner, S., Kächele, H., Wirsching, M., Dahlbender, R. W. (2003): Burn out und Wiedergewinnung seelischer Gesundheit am Arbeitsplatz. Psychother. Psychosom. Med. Psychol (PPmP) 53:213–222.

Bauer, J. (2003): Arzneimittel-Unverträglichkeit: Wie man Betroffene herausfischt. Die Identifikation von Patienten mit verminderter Entgiftungsfunktion infolge Polymorphismen des P450-Entgiftungssystems. Deutsches Ärzteblatt, 100, Heft 24, A1654–1656.

Bauer, J., Kächele, H. (2005): Das Fach »Psychosomatische Medizin«: Seine Beziehung zur Neurologie und zur Psychiatrie. Psychotherapie 10:14–20.

Schweickhardt, A., Leta, R., Bauer, J. (2005): Inanspruchnahme von Psychotherapie in Abhängigkeit von der Psychotherapiemotivation während der Indikationsstellung in einer Klinikambulanz. Psychother. Psychosom. Med. Psychol. (PPmP) 55:378–385.

Lieb, K., Engelbrecht, M. A., Gut, O., Fiebich, B. L., Bauer, J., Janssen, G., Schäfer, M. (2006): Cognitive impairment in patients with chronic hepatitis treated with low-dose interferon alpha. European Psychiatry 21:204–210.

Bauer, J., Stamm, A., Virnich, K., Wissing, K., Müller, U., Wirsching, M., Schaarschmidt, U. (2006): Correlation between burnout syndrome and psychological and psychosomatic symptoms among teachers. International Archives of Occupational and Environmental Health 79:199–204.

Unterbrink, T., Hack, A., Pfeifer, R., Buhl-Grieshaber, V., Müller, U., Wesche, H., Frommhold, M., Scheuch, K., Seibt, R., Wirsching, M., Bauer, J. (2007): Burnout and effort-reward-imbalance in a sample of 949 German teachers. International Archives of Occupational and Environmental Health 80:433–441.

Bauer, J., Unterbrink, T., Hack, A., Pfeifer, R., Buhl-Grieshaber, V., Müller, U., Wesche, H., Frommhold, M., Seibt, R., Scheuch, K., Wirsching, M. (2007): Working conditions, adverse events and mental health problems in a sample of 949 German teachers. International Archives of Occupational and Environmental Health 80:442–449.

Bauer, J., Rottler, V., Brodner, J. (2008): Emotional crying: Frequency and effects on mood in a sample of psychosomatic outpatients. Psychother. Psychosom. Med. Psychol. (PPmP) 58:79.

Bauer, J. (2008): Die Entdeckung des »Social Brain« – Der Mensch aus neurobiologischer Sicht. In: Was ist der Mensch? (Ganten, D., Gerhardt, V., Heilinger, J.-C., Nida-Rümelin, J., Hrsg.). De Gruyter, Berlin/New York.

Unterbrink, T., Zimmermann, L., Pfeifer, R., Wirsching, M., Brähler, E., Bauer, J. (2008): Parameters influencing health variables in a sample of 949 German teachers. International Archives of Occupational and Environmental Health, DOI 10.1007/s00420-008-0336-y

Register